Daniele Munari

noveper**nove**
Sudoku: segreti e strategie di gioco

Springer

D. MUNARI

ISBN 978-88-470-0812-0
e-ISBN 978-88-470-0813-7

Springer-Verlag fa parte di Springer Science+Business Media
springer.com
© Springer-Verlag Italia, Milano 2008

Quest'opera è protetta dalla legge sul diritto d'autore, e la sua riproduzione è ammessa solo ed esclusivamente nei limiti stabiliti dalla stessa. Le fotocopie per uso personale possono essere effettuate nei limiti del 15% di ciascun volume dietro pagamento alla SIAE del compenso previsto dall'art. 68, commi 4 e 5, della legge 22 aprile 1941 n. 633. Le riproduzioni per uso non personale e/o oltre il limite del 15% potranno avvenire solo a seguito di specifica autorizzazione rilasciata da AIDRO, Via Corso di Porta Romana n. 108, Milano 20122, e-mail segreteria@aidro.org e sito web www.aidro.org.

Tutti i diritti, in particolare quelli relativi alla traduzione, alla ristampa, all'utilizzo di illustrazioni e tabelle, alla citazione orale, alla trasmissione radiofonica o televisiva, alla registrazione su microfilm o in database, o alla riproduzione in qualsiasi altra forma (stampata o elettronica) rimangono riservati anche nel caso di utilizzo parziale. La violazione delle norme comporta le sanzioni previste dalla legge.

Collana ideata e curata da: Marina Forlizzi

Redazione: Barbara Amorese
Progetto grafico e impaginazione: Valentina Greco, Milano
Progetto grafico della copertina: Simona Colombo, Milano
Immagine di copertina: Vittorio Marchis
Stampa: Grafiche Porpora, Segrate, Milano

Stampato in Italia
Springer-Verlag Italia S.r.l., via Decembrio 28, I-20137 Milano

A Carla, Filippo e Sofia

Prefazione

Il sudoku è un gioco di logica il cui obiettivo è molto semplice, enunciabile in poche parole. Qual è dunque lo stimolo per il giocatore?

Non certo il desiderio di imitare il comportamento di un computer, come sembra presupporre la maggior parte dei manuali di sudoku, quando presentano al giocatore un elenco di tecniche ordinate per difficoltà e lo invitano ad applicarle in modo sistematico, proprio come farebbe un programma da computer.

Secondo questo libro deve essere invece il desiderio di divertirsi e nel contempo di allenare le proprie capacità d'osservazione insieme con quelle logiche e mnemoniche in un atteggiamento di *problem solving*.

Tre livelli di gioco e di abilità sono infatti presentati.

Nel primo è sufficiente lo spirito d'osservazione: si tratta di applicare poche tecniche di base là dove è più probabile che riescano, tenendo conto degli addensamenti delle caselle piene. Allora si scorgono le scelte obbligate (quella casella non può essere completata se non con quel simbolo).

Nel secondo livello occorre analizzare le scelte possibili per le caselle ancora vuote e trovare il modo di ridurle: per far ciò occorre inserire delle annotazioni nelle caselle vuote, a supporto del ragionamento. Se si evidenziano delle scelte vincolate in due o più caselle, allora possono essere indotte delle riduzioni nelle scelte possibili in altre caselle, finché non si determina qualche scelta obbligata. Questo libro insegna a fare un uso limitato delle annotazioni per evitare di restarne confusi.

Nel terzo livello tutte le caselle incomplete hanno due o più scelte possibili e le tecniche di riduzione del secondo livello non funzionano: è una situazione di stallo. Lo stallo è però anche affascinante: il giocatore si trova in una sorta di labirinto e deve usare tutta la sua perspicacia per uscirne. A questo punto i manuali di sudoku generalmente suggeriscono di procedere per tentativi: si tratta di azzardare una scelta e di valutarne gli effetti. Se si è fortunati, si completa la tabella, altrimenti ci si ferma in una situazione che può essere ancora di stallo oppure incongruente: nel primo caso si deve procedere con un nuovo azzardo, nel secondo occorre tornare indietro e ritrattare una o più scelte azzardate precedenti. Si tratta di un procedimento difficile da sostenere, in quanto occorre registrare la situazione della tabella (le sue annotazioni) prima di ogni scelta azzardata, per poterla poi eventualmente ritrattare.

Questo libro dedica grande attenzione alle situazioni di stallo e presenta varie tecniche di cui alcune originali. In particolare, il giocatore è guidato nella ricerca di quelle scelte che si possono facilmente eliminare perché, se confermate, forzerebbero delle scelte successive, in numero limitato, portando come risultato a una situazione incongruente. Il giocatore deve far leva sulla vista d'insieme per individuare quelle configurazioni di celle piene e di annotazioni che rendono più probabile la scoperta di tali scelte eliminabili.

Questo libro è ricco di esempi che mostrano il processo risolutivo nei tratti salienti e non solo aiutano il giocatore ad acquisire l'approccio proposto, ma lo stimolano a cercare, a ogni passo, la tecnica di soluzione migliore.

Infine un'ampia bibliografia invita agli approfondimenti di natura più teorica.

Aprile 2008   Prof. Giorgio Bruno
                                Dipartimento di Automatica e Informatica
                                                    Politecnico di Torino

Ringraziamenti

Poche parole, ma molta gratitudine, per coloro che mi hanno aiutato nella stesura di questo libro.

Innanzitutto, un ringraziamento a mia moglie Carla e ai miei figli, Filippo e Sofia, che non solo hanno pazientemente tollerato questo ulteriore impegno in un'agenda già molto fitta, ma mi hanno anche incoraggiato a concludere.

Il professor Giorgio Bruno mi ha stimolato, da un lato, ad organizzare in modo strutturato un insieme di considerazioni e tecniche risolutive, che erano nate in modo casuale e disperso sull'onda dell'entusiasmo del neofita verso un nuovo gioco, e d'altro lato mi ha spinto a cercare e scoprire su Internet una comunità di appassionati che, a livelli vari di competenza professionale specifica, dedicano tempo a scandagliare i meandri di questo gioco, in gran parte ancora oscuro, e condividono le loro riflessioni.

Ruud Van der Werf, autore del sito sudocue.net, mi ha dato preziose indicazioni per selezionare rapidamente su Internet le informazioni utili e scartare quelle inutili.

Laura Brenna si è rivelata indispensabile nella realizzazione della grafica a supporto, consentendo una più fluida interazione con l'editore.

Un caro ringraziamento ad alcuni amici che mi hanno dato suggerimenti per migliorare la leggibilità di passaggi un po' ostici e mi hanno corretto il manoscritto. In ordine alfabetico, Giorgio Bruno, Luca Marini, Paolo Merli e Franco Testore.

Infine, un ringraziamento a Marina Forlizzi della Springer per la fiducia dimostrata e al collega Marco Mantovani, che mi ha messo in contatto con la Springer.

Indice

Prefazione	VII
Ringraziamenti	IX
Introduzione	1
Il gioco	5
Convenzioni di base per notazione e primi termini di glossario	7
Tecniche di soluzione di base	11
Prime osservazioni sulla strategia di gioco	21
I candidati	23
Tecniche convenzionali di riduzione dei candidati	27
Pausa di riflessione sulla strategia di gioco	45
La situazione di stallo apparente	47
Tecniche avanzate	51
Strategia conclusiva di gioco	91
I livelli di difficoltà	93
Ulteriori tecniche di gioco	101

Appendice 1
Glossario e sintesi delle convenzioni di notazione   105

Appendice 2
Considerazioni sulla numerosità e complessità
degli schemi possibili   111

Appendice 3
Varianti del sudoku   117

Appendice 4
Breve storia del sudoku   127

Appendice 5
Collegamenti al mondo del sudoku   129

Introduzione

Il sudoku classico, quello di cui parliamo in questo libro, è un gioco di pura logica. Per praticarlo non sono richieste conoscenze preliminari di alcun genere e le regole del gioco si apprendono in due minuti, ragion per cui, presa la decisione di imparare, si è immediatamente in grado di cominciare a giocare.

Moltissime persone in tutto il mondo e anche in Italia si sono fatte affascinare da questo gioco da quando, all'inizio del 2005, ha cominciato a diffondersi a macchia d'olio nel mondo occidentale, per iniziativa dell'australiano Wayne Gould che lo aveva scoperto in Giappone. Gli appassionati di sudoku pensano che sia un gioco rilassante, anche se (o forse proprio perché) richiede e stimola molta concentrazione.

Una volta che si è iniziato a giocare, ci si rende rapidamente conto che gli schemi proposti presentano vari livelli di difficoltà e che è opportuno affrontarli per gradi successivi, come in tutti i giochi e in tutti gli sport. A valle delle regole semplici, che sono alla base del gioco, si possono sviluppare varie tecniche di soluzione, per affrontare schemi sempre più difficili.

Via via che si avanza nell'apprendimento di queste tecniche, aumenta il divertimento e si allena il "colpo d'occhio", cioè la capacità di intuire più rapidamente su quale parte dello schema concentrarsi per avanzare di posizione in posizione fino al completamento dello schema stesso.

Sono stati pubblicati moltissimi libri su scala internazionale, dapprima in Giappone, dove il gioco si è affermato, poi negli Stati Uniti e in Inghilterra, dove ha trovato rapidamente ampia diffusione, e infine nel resto dell'Europa e del mondo. La maggior parte di queste pubblicazioni sono semplici raccolte di schemi di gioco di varia difficoltà, spesso elaborati da un computer, e corredati senza altra spiegazione dalla soluzione finale, anch'essa generata dal computer. Queste raccolte non sono di alcuna utilità per un vero apprendimento del sudoku. Soltanto pochi libri approfondiscono seriamente la strategia di gioco e le tecniche di soluzione, e sono citati nell'appendice bibliografica.

In Italia abbondano in edicola le riviste di sudoku, ma sono stati pubblicati pochi libri che descrivano a fondo il gioco, e si tratta quasi sempre di traduzioni di testi stranieri, tra cui stranamente non compare nessuno dei titoli che ci sentiremmo di consigliare. La letteratura disponibile in lingua italiana (originale e tradotta) si è concentrata sulle tecniche di base e su quelle di media complessità, trascurando ogni approfondimento delle tecniche più recenti e più avanzate.

Comunque, anche consultando la bibliografia internazionale, si scopre che quasi tutti gli autori gettano la spugna davanti a schemi di sudoku molto articolati in cui, a un certo punto della partita, sembra di cadere in una situazione di stallo senza altra via di uscita che procedere per tentativi, cioè in modo casuale. Per un giocatore che ami le decisioni logiche, l'idea di ricorrere alla casualità risulta stridente. Al punto che molte riviste e tutti i quotidiani evitano di proporre schemi di quel tipo (sono stati addirittura definiti "non giocabili" da alcuni autori, o "brutti", e quindi da ignorarsi, da altri).

In questo libro mostreremo come è possibile risolvere fino alla fine, *senza ricorrere a tentativi e quindi con la soddisfazione di un ragionamento logico*, qualunque schema di sudoku classico, che venga pubblicato o costruito dai prodotti software di mercato. È importante però sottolineare che il nostro obiettivo è quello di descrivere strumenti potenti e pratici che siano a disposizione di giocatori che usano carta e penna. Non ci dilunghiamo, invece, su tecniche sviluppate espressamente per elaboratori elettronici. Con questo non vogliamo dire che la ricerca di algoritmi per elaboratori non sia un argomento interessante; semplicemente, non è il nostro obiettivo primario e ci proponiamo anzi di far verificare al lettore che nel caso di un sudoku classico 9x9 le tecniche proposte permettono di ottenere gli stessi risultati dei più sofisticati prodotti software.

Potete procurarvi un buon prodotto software consultando l'appendice 5. Fra i vari prodotti citati vi suggeriamo di esaminare comunque *Sudocue*. Si può scaricare gratuitamente dal sito omonimo (www.sudocue.net) e utilizzarlo, sia per simulare un gioco con carta e penna (come avere un assistente intelligente al proprio fianco), sia per verificare sofisticate tecniche che presuppongono l'uso dell'elaboratore e che forse gettano una nuova luce sulle ricerche in materia.

Nelle appendici di questo libro il lettore troverà, inoltre, molte informazioni generali sul mondo del sudoku:

- cenni sulla genesi del gioco;
- riferimenti alle basi matematiche e logiche e allo stato della conoscenza in materia;
- collegamenti a forum e quindi accesso alla comunità internazionale degli appassionati del gioco;
- raccolte di schemi giocabili;
- glossari e guide a tutte le tecniche sviluppate;
- descrizione delle varianti del sudoku classico;
- bibliografia generale e indirizzi dei più importanti siti mondiali sul tema, divisi per argomento.

Prima di concludere dobbiamo ricordare che, in mancanza di una notazione standard per descrivere le posizioni di schema e le tecniche adoperate per generare le mosse successive, abbiamo sviluppato una proposta di notazione, che adopereremo costantemente in questo libro, ma che non trova necessariamente riscontro in altre pubblicazioni.

Buona lettura.

Il gioco

Lo schema di gioco di un sudoku classico è una tabella di 9x9 caselle suddivisa in 9 riquadri di 3x3 caselle (fig. 1).
Nelle caselle devono essere inseriti 9 simboli (uno per casella), che di solito sono rappresentati dalle cifre da 1 a 9 (ma potrebbero essere lettere dell'alfabeto, o altri simboli).

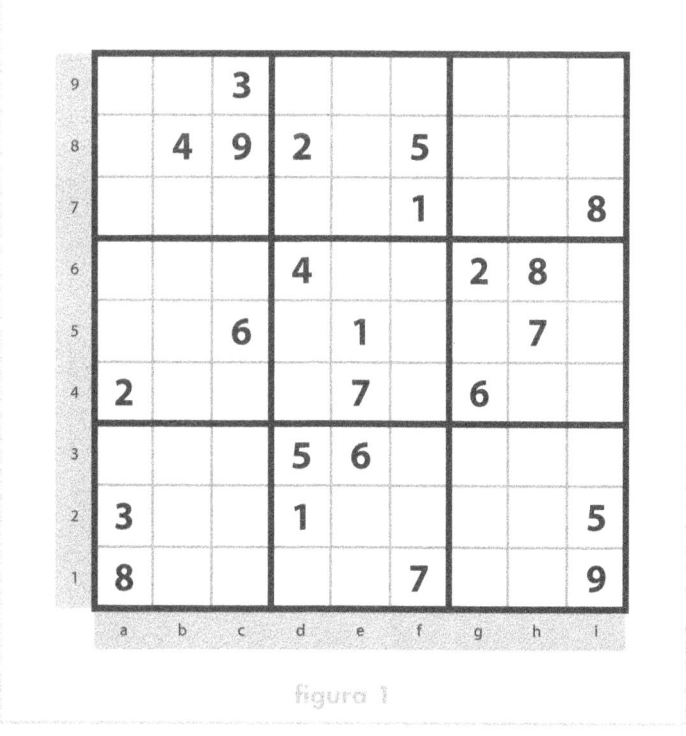

figura 1

La regola di base del sudoku è che *in ogni riga, in ogni colonna e in ogni riquadro dello schema ogni simbolo deve comparire una sola volta.*

Nello schema di partenza sono sempre presenti alcuni simboli (di solito, da 20 a 30, e mai meno di 17), che servono a guidare verso la soluzione finale e che sono detti "indizi". In linea di massima, più indizi sono presenti in partenza, più la risoluzione dello schema è facile. Ma il legame non è sempre lineare, e anzi il concetto di difficoltà merita molte riflessioni, che sono state raccolte in un capitolo dedicato a fine libro.

Una seconda regola, che spesso non viene citata in modo esplicito, ma è data per scontata, è che lo schema dato abbia soluzione unica. Nel seguito vedremo che una tecnica avanzata di soluzione (l'unicità) si basa esplicitamente su questa regola.

Una terza regola, che è piuttosto una consuetudine e non ha nessuna valenza logica, ma solo estetica (e che quindi potrebbe essere ignorata), è che le posizoni dei simboli presenti in partenza rispettino una legge di simmetria. Questa regola è stata proposta dall'editore giapponese Nikoli, che ha lanciato il gioco, e risponde probabilmente a specifiche esigenze estetiche di quel paese. In pratica, questa regola è stata adottata anche fuori dal Giappone, e quindi la maggior parte degli schemi che incontriamo si presenta con questo formato, sebbene, ripetiamo, la regola non sia assolutamente vincolante agli effetti del gioco. In questo libro molto spesso la ignoriamo intenzionalmente.

Convenzioni di base per notazione e primi termini di glossario

Prima di entrare nel vivo dell'analisi delle tecniche di soluzione è indispensabile introdurre alcune convenzioni di notazione che ci consentiranno in seguito di indicare in modo conciso, ma chiaro e inequivocabile, un riferimento a posizioni di schema e a mosse specifiche.

Più oltre, nel corso della trattazione, aggiungeremo convenzioni di notazione per inserimento di candidati e per tecniche di base e avanzate di risoluzione.

La sintesi delle convenzioni di notazione è raccolta nell'appendice 1. Le convenzioni scelte per la notazione di base sono state mutuate, per estensione, dal gioco degli scacchi, che in assoluto fra i giochi di griglia gode di più ricca letteratura e di maggior prestigio.

Le righe dello schema sono indicate dal basso verso l'alto con i numeri da 1 a 9 (1 a 8 negli scacchi, con il bianco in basso) e le colonne da sinistra a destra con le lettere da a a i (a a h negli scacchi).

Una casella è individuata dall'intersezione di una colonna con una riga, e quindi dalla lettera e dal numero corrispondenti.

I riquadri sono numerati da I a IX (in numeri romani), oppure da Q1 a Q9, a partire da sinistra in basso fino a destra in alto.

Useremo le lettere maiuscole R, C, K, Q per indicare, quando serve, righe, colonne, caselle e riquadri.

Esempio (fig. 2):

R5 è la quinta riga dal basso
Ch è l'ottava colonna da sinistra
h5 (opp. Kh5) è la casella intersezione della quinta riga e ottava colonna
Q6 è il riquadro che contiene h5

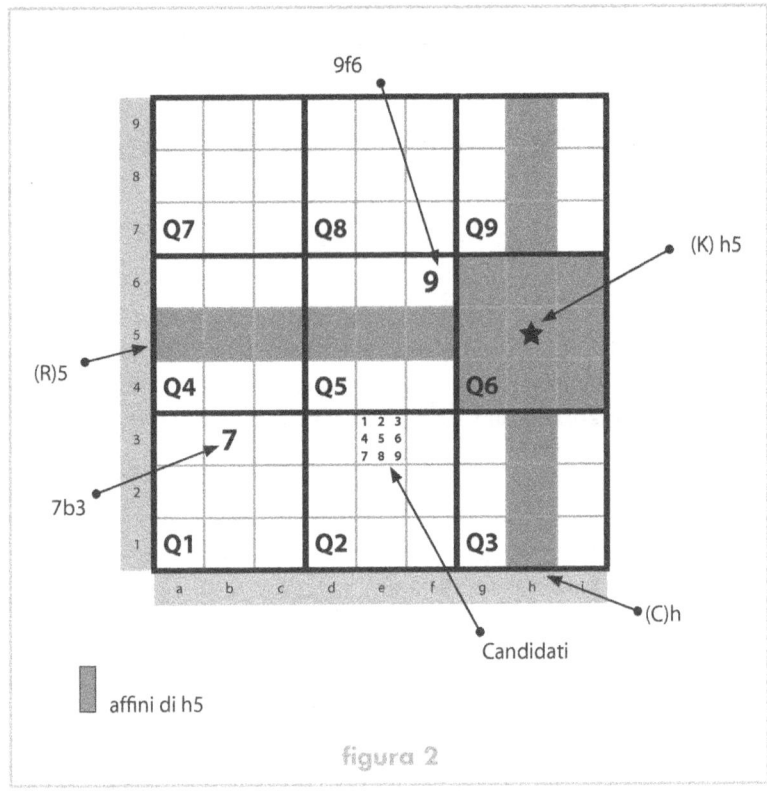

figura 2

Per indicare l'assegnazione di una simbolo a una casella (cioè, l'esecuzione di una "mossa") useremo la notazione simbolo-casella come negli esempi che seguono:

7b3 → 7 nella casella Kb3 (primo riquadro, Q1)
9f6 → 9 nella casella Kf6 (quinto riquadro, Q5)

Righe, colonne e riquadri vengono genericamente detti "blocchi" e contengono, ciascuno, 9 caselle.

Gli allineamenti di riquadri (per esempio, Q1, Q2 e Q3, oppure Q1, Q4 e Q7) vengono detti "bande". Le bande orizzontali vengono anche dette "travi" e le bande verticali "pilastri". Le bande contengono tre righe o tre colonne.

Ogni casella appartiene simultaneamente a una riga, a una colonna e a un riquadro, cioè a tre blocchi. Le rimanenti caselle della riga, della colonna e del riquadro, cui appartiene la casella in esame, sono in qualche modo "collegate" a essa, nel senso che non possono condividere lo stesso simbolo, come conseguenza della regola di base del gioco. Si tratta in tutto di 20 caselle, che vengono dette "affini" (in inglese, *buddies*) della casella in esame.

All'interno di ogni casella, durante il gioco, è possibile fare annotazioni, indicando simboli possibili in vista di scegliere quello corretto. Tali simboli provvisori vengono detti "candidati" e vengono registrati come in casella e3 della figura 2.

Tecniche di soluzione di base

Quando si affronta un nuovo schema, è praticamente sempre possibile introdurre un certo numero di simboli applicando le tre tecniche base descritte in questo capitolo.

Negli schemi facili e di media difficoltà si riesce a proseguire con queste tecniche fino alla conclusione dello schema. Ma è chiaro che, dopo un po' di pratica di gioco, non ci si accontenterà più di risolvere schemi di questo livello e si cercheranno schemi che richiedono tecniche più sofisticate per arrivare alla soluzione completa.

Anche in schemi molto complessi, però, le tecniche di base continuano a essere importanti. Innanzitutto perché di solito servono nelle prime mosse e poi perché, comunque, nell'avanzare del gioco, le tecniche di base si alternano alle tecniche più sofisticate, nel senso che, una volta individuato il simbolo di una casella con una tecnica avanzata, si potrà presumibilmente individuare una nuova sequenza di simboli con le tecniche di base.

Le *tre tecniche di base* vengono esposte nell'ordine di frequenza con cui si applicano. Ritorneremo su questo concetto nel paragrafo dedicato alla strategia iniziale di gioco.

L'unica casella possibile per un simbolo in un riquadro

L'individuazione dell'unica casella possibile per un simbolo in un riquadro è di solito l'operazione più facile da eseguire per iniziare uno schema.

Si procede osservando bande orizzontali o verticali di riquadri per individuare simboli che compaiono in due dei tre riquadri della banda. Quindi, ci si concentra sul riquadro in cui il simbolo

non compare e all'interno di tale riquadro sulle tre caselle dell'unica riga o colonna non influenzata dalla presenza di quel simbolo negli altri riquadri della banda. Può darsi che sia libera una sola casella e quindi abbiamo raggiunto il nostro obiettivo. Oppure che siano libere due o tre caselle, ma solo una sia eleggibile riscontrandosi la presenza dello stesso simbolo nelle righe o colonne dei riquadri della banda trasversale.
Qualche esempio chiarisce subito come applicare la tecnica.

- Figura 3: nel riquadro Q2 il simbolo 2 può comparire soltanto in e3.

- Figura 4: nel riquadro Q9 il simbolo 2 può essere collocato soltanto in g7.

- Figura 5: nel riquadro Q5 il simbolo 5 può essere collocato soltanto in e4.

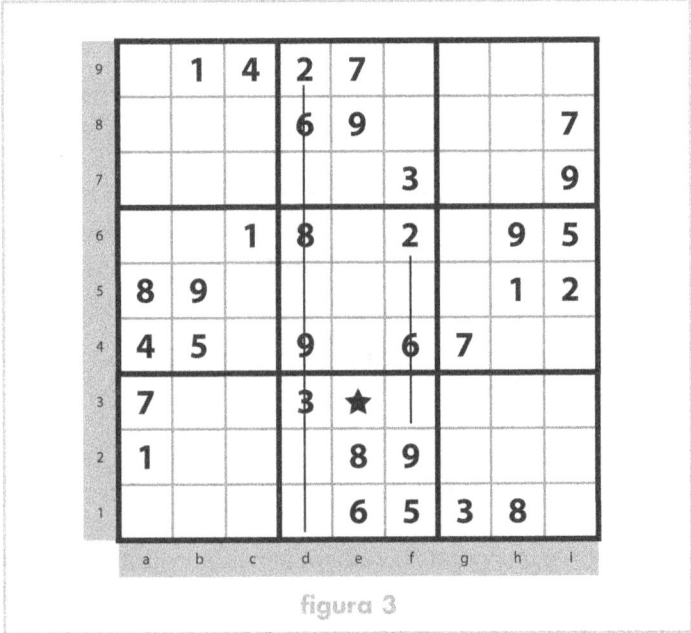

figura 3

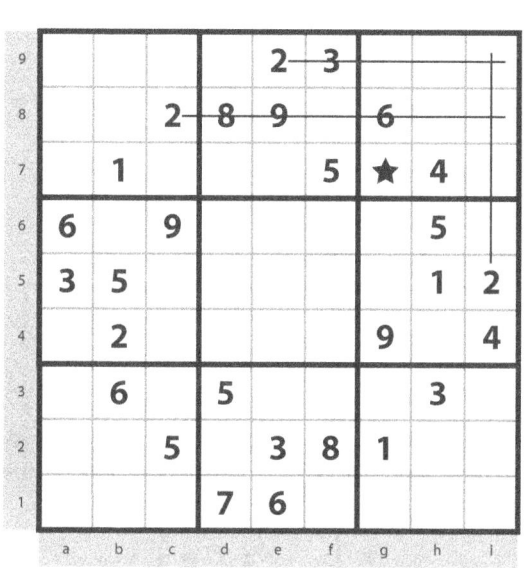

figura 4

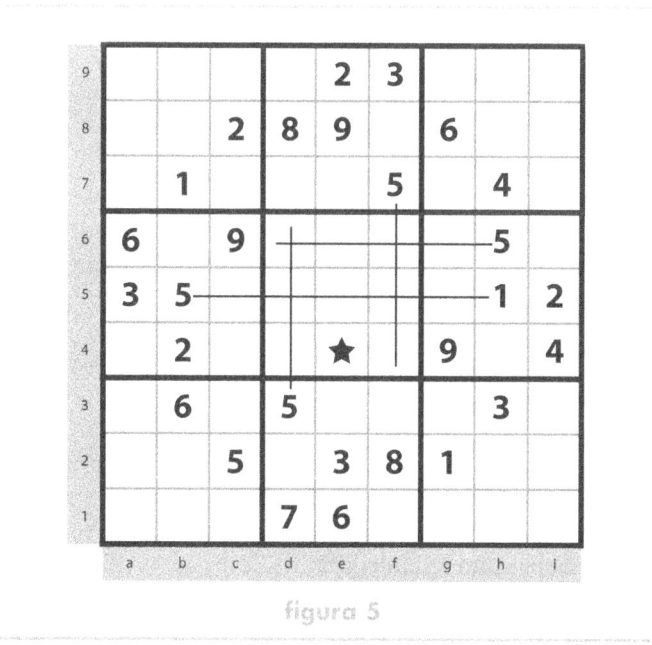

figura 5

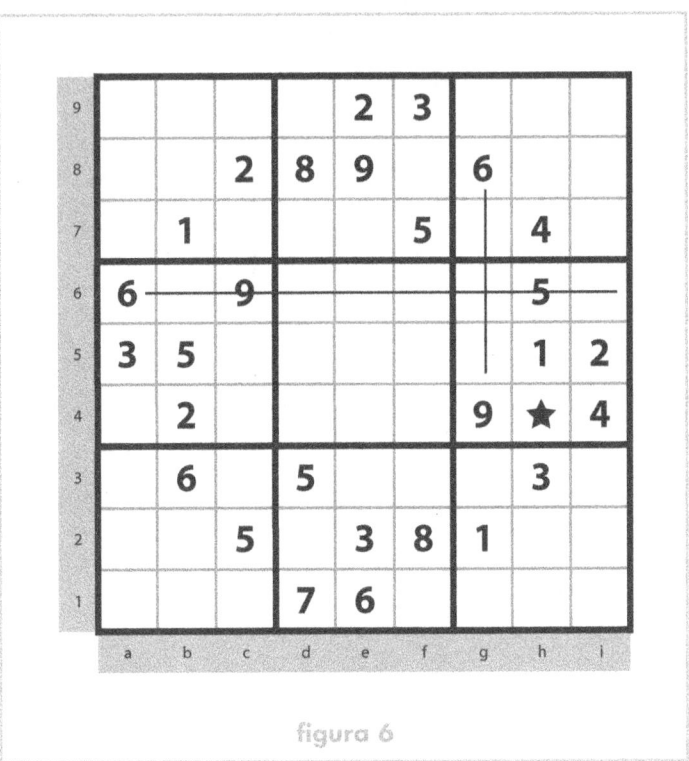

figura 6

In certe situazioni l'individuazione dell'unica casella per un simbolo in un riquadro si ottiene semplicemente incrociando gli effetti della presenza di quel simbolo in due riquadri trasversali, come nell'esempio seguente:

> Nella figura 6, nel riquadro Q6 il simbolo del 6 può essere collocato soltanto in h4.

In altri casi ancora, di solito nel corso del gioco e non all'inizio, osservando semplicemente la presenza di un solo simbolo in un altro riquadro, come nel riquadro Q2 in figura 7, dove il simbolo 1 può essere collocato soltanto in f3.

Questa tecnica viene di soliti chiamata "scansione" o "tratteggio" (in inglese *scanning* oppure *hatching*). Si noti che, nella casel-

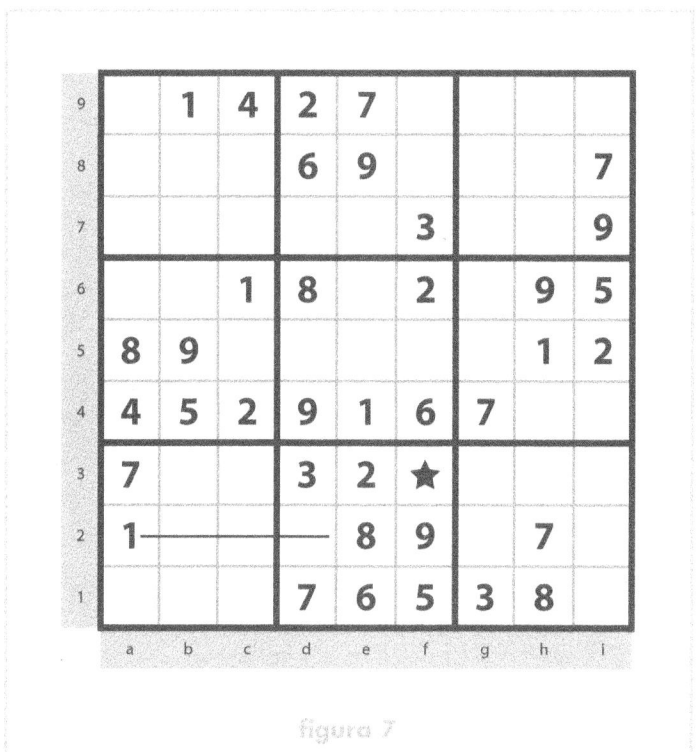

figura 7

la in cui si inserisce il simbolo, anche altri simboli sarebbero teoricamente inseribili se ci si limitasse a osservare le caselle "affini": il motivo della scelta, quindi, non dipende dall'analisi della singola casella (come nel caso della terza tecnica di base, che vedremo più oltre), ma dall'analisi dell'intero riquadro.

Si parla, dunque, di "singolo nascosto" (in inglese *hidden single*) per sottolineare che il simbolo scelto è nascosto tra altri possibili candidati per la casella in esame.

Dal punto di vista della notazione, questa tecnica viene rappresentata facendo opzionalmente seguire alla mossa il simbolo del riquadro fra parentesi tonde "(Q)". Di solito si preferisce ometterlo. Per esempio, in riferimento all'ultimo schema di figura 7, potremmo annotare 1f3 (Q), oppure semplicemente 1f3.

L'unica casella possibile in una riga o in una colonna

Una volta esaurite le opportunità di applicare la tecnica precedente, si deve spostare l'attenzione verso la ricerca dell'unica casella possibile per un simbolo all'interno di una riga o di una colonna. Ci si concentra sulle righe o colonne con meno caselle libere, si individuano i simboli mancanti e si verifica, come al solito osservando righe e colonne dei riquadri trasversali, se un simbolo può comparire in una sola delle caselle libere del blocco considerato.

Vediamo un esempio in figura 8.

Dopo aver inserito con la tecnica dello *scanning* le posizioni 4i9, 5f9 e 4f6, non sapremmo come procedere utilizzando la stessa tecnica. Proviamo allora a concentrarci su righe e colonne.

figura 8

Notiamo che nella riga 8 possiamo inserire il 3 soltanto nella colonna h (3h8), mentre nella riga 9 possiamo inserire il 9 soltanto nella colonna e (9e9). Con questa premessa si completa facilmente lo schema.

Facendo questa ricerca su righe e colonne, di solito quando si hanno al massimo tre caselle libere, si verifica spesso la circostanza in cui si scopre che una di queste caselle libere può contenere uno solo dei tre simboli mancanti, perché in caselle "affini" già compaiono gli altri due. Volendo essere precisi, questo caso ricade nella terza tecnica di base, quella della ricerca dell'unico simbolo possibile per una casella, ma la sua individuazione si compie durante la ricerca dell'unica casella su una riga o colonna, e quindi lo citiamo in questo paragrafo.

Osserviamo un esempio in figura 9.

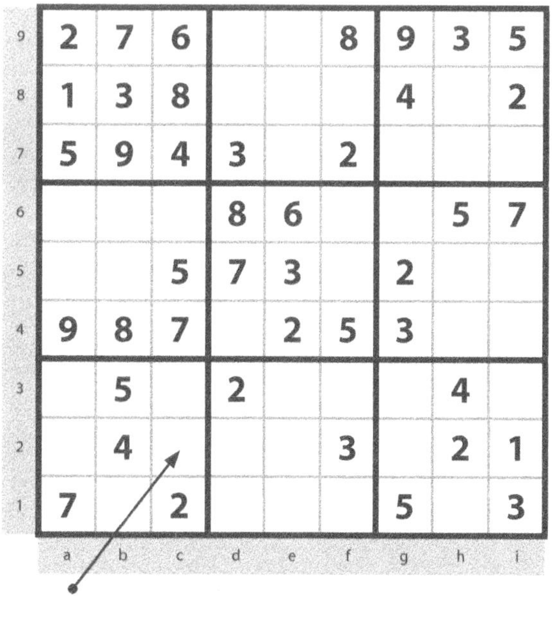

	a	b	c	d	e	f	g	h	i
9	2	7	6			8	9	3	5
8	1	3	8				4		2
7	5	9	4	3		2			
6				8	6			5	7
5			5	7	3		2		
4	9	8	7		2	5	3		
3		5		2			4		
2		4				3		2	1
1	7		2				5		3

figura 9

Siamo in una fase intermedia di risoluzione. Nella colonna c mancano i simboli 1, 3, 9. Nella casella c2 non possiamo inserire 1 e 3 perché già presenti nella riga 2 in altri riquadri, e quindi possiamo inserire 9c2.

Dal punto di vista della notazione, questa tecnica viene rappresentata facendo seguire alla mossa il simbolo di riga "(R)" o colonna "(C)", fra parentesi tonde. Nell'ultimo esempio, 9c2 (C).

L'unico simbolo per una casella

La ricerca dell'unico simbolo possibile per una casella deve essere effettuata solo quando siano esaurite le possibilità di applicare le due tecniche precedenti. Infatti, questo tipo di ricerca è decisamente più impegnativo.

Nel primo caso, i riquadri sono solo 9 su 6 bande, e dopo un breve allenamento è facile individuare coppie di simboli su due riquadri della stessa banda per cercare di collocare il terzo simbolo nel riquadro in cui è assente.

Anche le righe e le colonne sono solo 9 per tipo, e quelle con 5 o 6 caselle già riempite sono molte meno, per cui non è difficile concentrarsi su quelle che offrono le migliori opportunità di applicazione della seconda tecnica.

Invece le caselle sono 81 e alla partenza di solito più di 50 sono libere. Non conviene esaminarle una a una. Ci vuole troppo tempo. Tanto varrebbe, allora, applicare sistematicamente la tecnica dell'inserimento dei candidati, che vedremo più oltre e che offre ulteriori opportunità.

Anche in questo caso, dunque, il colpo d'occhio è indispensabile, ma richiede maggior allenamento. Ci si deve concentrare sulle caselle che hanno molti "affini" già definiti (o perché indizi, o come risultato di precedenti scelte). È possibile in tali casi scoprire che resta un solo simbolo possibile per una specifica casella, perché gli altri sono già presenti o nel riquadro o nella riga o nella colonna di appartenenza della casella, cioè tra gli affini.

Rivediamo in figura 10 l'esempio di figura 8.

Invece di osservare righe e colonne, potremmo accorgerci che la casella i5 ammette il solo simbolo 2. Infatti, 1, 3, 4, 5, 9 sono presenti sulla stessa colonna e 6, 7, 8 sulla stessa riga.

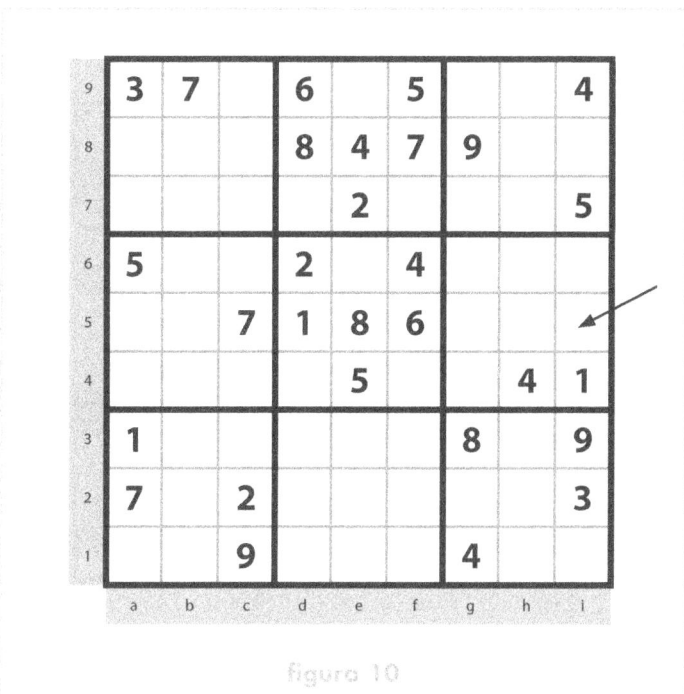

figura 10

Altro esempio (fig. 11).
In f1 è ammissibile soltanto il 6. Infatti 1, 2, 4, 8, 9 sono presenti sulla colonna, 3 e 7 nel riquadro e 5 sulla riga.
In f6 è ammissibile soltanto il 7. Infatti, 1, 2, 4, 8, 9 sono presenti sulla colonna, 5 e 6 nel riquadro e 3 sulla riga.
In d8 è ammissibile soltanto il 9. Infatti, 1, 2, 3, 4, 5 sono presenti nel riquadro, 6 sulla colonna e 7 e 8 sulla riga.

È raro, ma non impossibile, il caso in cui, per inserire il primo simbolo in uno schema, sia proprio necessario ricorrere a questa tecnica di base.

In questo terzo caso, in una casella è ammissibile un solo simbolo e quindi la scelta è immediatamente conseguente, una volta individuata la casella. Si dice che viene scoperto un "singolo nudo" (*naked single*), cioè un singolo già esposto come tale, e non nascosto fra altri candidati di casella, come nei casi precedenti.

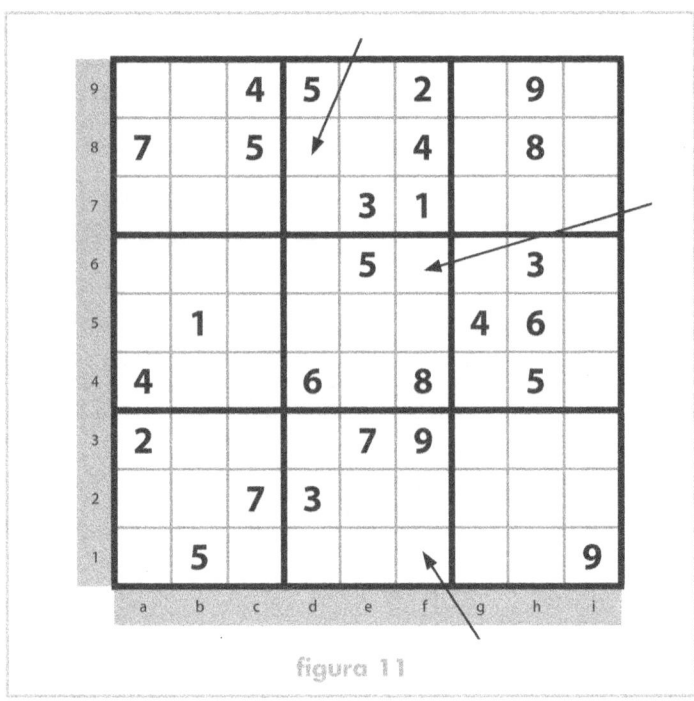

figura 11

Dal punto di vista della notazione, questa tecnica viene rappresentata facendo seguire alla mossa il simbolo di casella fra parentesi tonde "(K)". Per esempio, 9d8 (K).

Considerazioni riepilogative sulle tecniche di base

Nel descrivere le tecniche di base abbiamo preferito distinguere il caso 1 (riferito al riquadro) dal caso 2 (riferito a riga o colonna), perché è così che il giocatore umano focalizza la sua attenzione.

Ma ovviamente, potremmo raggruppare riquadri, righe e colonne insieme (indicandoli genericamente come "blocchi") e descrivere due sole tecniche di base, quella per la ricerca del "singolo nascosto" in un blocco (hidden single), cioè la scansione, e quella per la ricerca del "singolo nudo" (naked single), cioè l'individuazione di una casella con un solo candidato.

Prime osservazioni sulla strategia di gioco

Leggendo la letteratura sull'argomento si scopre che le opinioni sulla migliore strategia di gioco sono discordanti. In particolare, molti autori suggeriscono un approccio sistematico in cui i riquadri si scandiscono sempre con uno stesso ordine e così le righe e le colonne, e all'interno di queste entità le caselle si percorrono sempre nello stesso ordine e i simboli si analizzano nella naturale sequenza da 1 a 9.

Il nostro punto di vista è che invece sia molto opportuno sviluppare il colpo d'occhio o, se preferite, la visione d'insieme, una peculiarità del cervello umano che, opportunamente allenata, può dare grandi risultati.

Il primo approccio riflette piuttosto una mentalità da impiego dell'elaboratore elettronico. Ma nel sudoku non esiste spazio di competizione in termini di velocità tra essere umano ed elaboratore elettronico. Un elaboratore risolve qualunque sudoku in frazioni di secondo, eventualmente con tecniche di *forza bruta*, applicando algoritmi in modo sistematico, privilegiando l'eleganza di un algoritmo rispetto alla scoperta di un cammino più breve o all'intuizione di una finezza logica. Un essere umano si deve muovere in altre direzioni. Per un essere umano la soluzione di uno schema è un piacere intellettuale, un allenamento delle facoltà logiche ed eventualmente una soddisfazione estetica. Può anche essere un allenamento di velocità di pensiero, una gara contro se stessi o contro avversari, ma anche in questo caso si devono valorizzare le peculiarità del cervello umano, che è capace di visione di sintesi a complemento di metodi di analisi.

Il suggerimento è di iniziare subito con un approccio che continuerà a valere anche in seguito, quando si sarà molto bravi e si conosceranno anche le tecniche avanzate descritte più avanti.

Utilizzate, dunque, le tecniche di base nell'ordine con cui le abbiamo esposte, senza fare annotazioni, e concentrandovi tanto sul colpo d'occhio. Vedremo nel prossimo capitolo che le annotazioni sono assolutamente ammesse nel gioco del sudoku e anzi sono spesso necessarie. Ma non lanciatevi subito nel fare annotazioni. Divertitevi a risolvere i primi livelli di difficoltà di schema senza fare annotazioni, soltanto con le tecniche di base e senza procedure ricorrenti. Nel tempo riuscirete a risolvere in questo modo schemi sempre più difficili e sarà sempre un ottimo allenamento.

Potrebbe capitarvi di avere a disposizione un programma software capace di esporvi in partenza tutti i candidati, cioè i simboli possibili, per ogni casella. Se avete scaricato Sudocue e avete cominciato a usarlo, avrete scoperto che esiste una opzione per ottenere questo servizio. È chiaro che in tal caso trovereste senza colpo ferire tutte le caselle con un solo candidato, cioè potreste applicare a costo nullo la tecnica numero 3 per i "singoli nudi", e solo in seguito ricercare i "singoli nascosti", cioè i candidati unici di blocco. Potreste addirittura chiedere al programma di evidenziarli con un colore particolare. Vi sconsigliamo caldamente di prendere questa abitudine. Stravolge la visione dello schema: vi concentrereste solo sui candidati perdendo di vista l'insieme, e vi trovereste poi spaesati a giocare solo con matita e gomma.

I candidati

Nel corso del gioco si verifica spesso il caso di constatare che un certo simbolo possa occupare più di una posizione di cella all'interno di un blocco (riquadro, riga o colonna) in base alle informazioni disponibili. È accettato dalla prassi che si possa annotare il simbolo stesso nelle caselle suddette, come promemoria in vista di scelte successive più precise, influenzate dall'avanzare del gioco. Il simbolo annotato viene detto "candidato" (in inglese *pencilmark*).

Di solito, si scrive un candidato in piccolo all'interno di ogni cella, perché è normale che una cella possa contenere due, tre o più candidati a seconda della fase di gioco. Quando si è cominciato a inserire candidati, a ogni inserimento successivo di simboli in celle è necessario ricordarsi di cancellare quei candidati, già introdotti in altre caselle dello schema, che non siano più compatibili con l'ultimo inserimento.

Vediamo nella figura 12 un esempio di inserimento di tutti i candidati all'inizio di una partita.

L'inserimento di candidati è un'operazione delicata che va gestita con molta attenzione. In effetti, all'inizio del gioco, ogni casella vuota, presa individualmente nel suo riquadro, nella sua riga e nella sua colonna, contiene idealmente un certo numero di candidati (da uno a nove; in pratica, di solito, da uno o due fino a quattro o cinque) e il gioco consiste nel trovare per ogni casella l'unico candidato corretto.

Il primo, e fondamentale, suggerimento nel trattamento dei candidati è di scriverli all'interno di una casella sempre nella stessa posizione, come indicato in fig. 2 nella casella e3, o anche nell'esempio di fig. 12. Questo suggerimento non veniva mai riportato nei primi testi di sudoku e non era nemmeno adottato dai

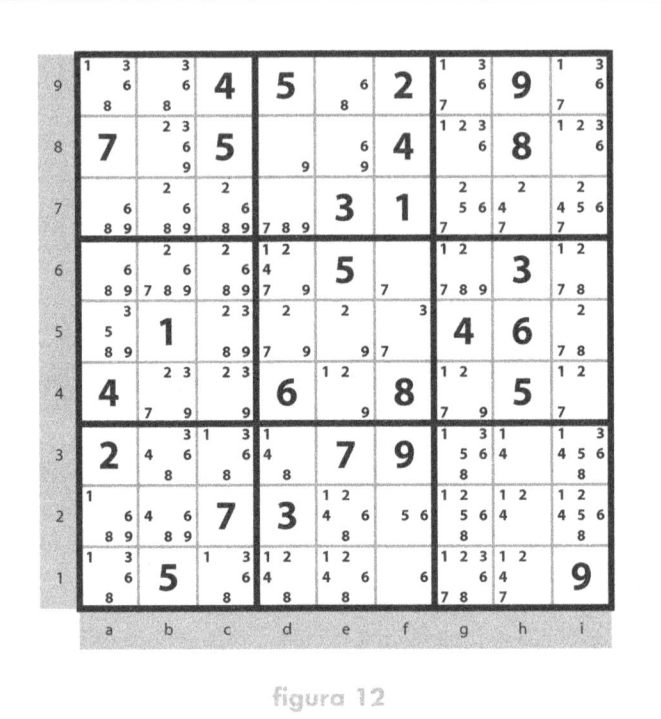

figura 12

primi prodotti software usciti sul mercato, ma è ormai una consuetudine diffusa e dobbiamo considerarlo un'*abitudine irrinunciabile* per una corretta applicazione delle tecniche avanzate esposte nei prossimi capitoli.

Il secondo suggerimento nell'inserimento dei candidati è di procedere con gradualità e con la tattica che ora illustreremo.

Ma facciamo una premessa. Se fossimo degli elaboratori elettronici, potremmo decidere di:
- iniziare ogni partita inserendo in ogni casella tutti i candidati possibili in funzione dei simboli dati in partenza (come nell'esempio appena riportato);
- scandagliare sistematicamente lo schema per individuare le caselle contenenti un solo candidato (nel nostro esmpio, 9d8 oppure 6f1), sostituire il candidato con il simbolo corrispondente definitivo e cancellare i candidati di quel simbolo nelle

caselle affini, ripetendo ciclicamente l'operazione di scandaglio fino a esaurimento delle caselle con un solo candidato;
- scandagliare sistematicamente i riquadri per controllare se un candidato compare soltanto in una casella del riquadro, sostituire il candidato con il simbolo corrispondente definitivo e cancellare i candidati di quel simbolo nelle caselle affini, ripetendo ciclicamente l'operazione di scandaglio fino a esaurimento dei candidati unici di riquadro;
- scandagliare sistematicamente le righe dello schema per controllare se un candidato compare soltanto in una casella della riga, sostituire il candidato con il simbolo corrispondente definitivo e cancellare i candidati di quel simbolo nelle caselle affini, ripetendo ciclicamente l'operazione di scandaglio fino a esaurimento dei candidati unici di riga;
- scandagliare sistematicamente le colonne dello schema per controllare se un candidato compare soltanto in una casella della colonna, sostituire il candidato con il simbolo corrispondente definitivo e cancellare i candidati di quel simbolo nelle caselle affini, ripetendo ciclicamente l'operazione di scandaglio fino a esaurimento dei candidati unici di colonna;
- ripetere ciclicamente le operazioni b, c, d, e finchè in un ciclo non si esauriscono le sostituzioni.

Negli schemi facili e in alcuni medi, questo approccio porterebbe alla soluzione. Ma, da un lato, richiede molto tempo, ed è estremamente noioso, inserire tutti i candidati in partenza; e dall'altro lato, l'inserimento di molti candidati rende illeggibile lo schema e difficilissimo orizzontarsi al suo interno. E comporta un successivo lavoro estenuante di matita e gomma. Ricordiamoci che l'obiettivo non è risolvere uno schema a qualsiasi costo (per questo basta un elaboratore), ma risolverlo divertendosi e provando soddisfazione!

Abbiamo già visto in precedenza che a un giocatore umano si suggerisce di iniziare cercando l'unica casella per un simbolo in un riquadro, procedendo non in modo sistematico, ma in modo istintivo, guidati dal colpo d'occhio e partendo dall'analisi dei simboli più diffusi.

Ora possiamo aggiungere che è lecito (e consigliato) inserire da subito candidati in un riquadro ogni volta che i candidati nel riquadro sono soltanto due (in una qualunque posizione, cioè, allineati oppure no), o tre (solo, però, se allineati sulla stessa riga o colonna del riquadro).

Ripetiamo per massima chiarezza. *Inizialmente, inserire soltanto candidati ragionando per riquadro, e mai per riga o colonna, e con la limitazione dei due, o tre, candidati per riquadro indicata sopra.*

Vi preghiamo di accettare anche questo suggerimento come un punto fermo a questo stadio di esposizione. Ci riserviamo di chiarirne meglio le ragioni tattiche dopo aver illustrato le tecniche di esclusione e congelamento.

Tecniche convenzionali di riduzione dei candidati

Abbiamo detto che l'inserimento dei candidati è prassi accettata e anzi consigliata. Un buon giocatore di sudoku può permettersi di risolvere una schema di livello medio, e a volte difficile, senza inserire candidati, ma solo per esercitare il colpo d'occhio e allenarsi a una visione d'insieme. Probabilmente nel caso di uno schema difficile, e certamente nel caso di uno diabolico (più oltre daremo una definizione più chiara di questi termini), è comunque indispensabile per chiunque ricorrere ai candidati.

Una volta inseriti tutti i candidati possibili delle caselle ancora libere, si sostituiscono progressivamente i candidati con simboli unici. Spesso si scopre un singolo nudo, che era sfuggito a un primo esame senza candidati. Ma non sempre, dopo aver inserito un simbolo unico in una casella, si riesce a passare semplicemente e in modo diretto da candidati a simbolo unico in una casella successiva, applicando semplicemente le tecniche di base.

A volte è necessario analizzare i candidati secondo le tecniche che descriveremo nel seguito e trovare il modo di ridurne la numerosità in una o più caselle (per questo vengono chiamate "tecniche di riduzione"). Non è raro il caso in cui la riduzione di un solo candidato in una cella consenta di sbloccare una situazione apparentemente irresolubile e di giungere senza più esitazioni alla conclusione del gioco.

Le tecniche di esclusione

Le tecniche di esclusione ci permettono di localizzare, su determinate righe o colonne, un numero ristretto di posizioni in cui possono comparire determinati simboli e quindi di escludere quei simboli da altre caselle libere ed eleggibili di colonne o righe o riquadri collegati. Come al solito, alcuni esempi chiariranno il concetto espresso. Ma è opportuno fare due premesse. La prima è che le tecniche di esclusione si possono dividere in due grandi gruppi in funzione della frequenza di utilizzo: un primo gruppo, comprendente la tecnica di base e il suo duale, entrambe molto usate; e un secondo comprendente una famiglia di tre tecniche di rarissima applicazione (chiamate in letteratura *X-Wing*, *Swordfish* e *Jellyfish*).

La seconda è che le tecniche di esclusione di uso frequente, se propriamente applicate, possono consentire di giocare di anticipo, cioè di evitare l'introduzione di candidati inutili, invece di eliminarne alcuni a posteriori.

Tecniche di uso frequente

Spesso capita di notare che i candidati di un certo simbolo in un riquadro possono essere sistemati soltanto su un certo allineamento di riga o colonna (su due o tre caselle libere). Supponiamo si tratti di un allineamento di riga. Non sappiamo in quale casella di quel allineamento il simbolo alla fine comparirà, ma siccome deve comunque comparire nel riquadro, sarà sicuramente su quella riga. Dunque possiamo escludere che il simbolo stesso compaia in altre caselle di quella riga contenute in altri riquadri. Se per caso avevamo già inserito un candidato di quel simbolo sulla stessa riga in un altro riquadro, dobbiamo eliminarlo (ed eventualmente scoprire che in quel riquadro possiamo adesso inserire il simbolo in una posizione certa). Se non avevamo ancora inserito candidati di quel simbolo nei riquadri allineati orizzontalmente, dobbiamo ricordarci di non aggiungerli inutilmente su quella riga specifica. A questo proposito, pensiamo che non sia difficile registrare questa informazione mnemonicamente, ma è anche possibile aggiungere il simbolo all'esterno dello schema in corrispondenza della riga, come promemoria. Un discorso analogo, con le opportune simmetrie, si applica per le colonne.

Vediamo qualche esempio (fig. 13).

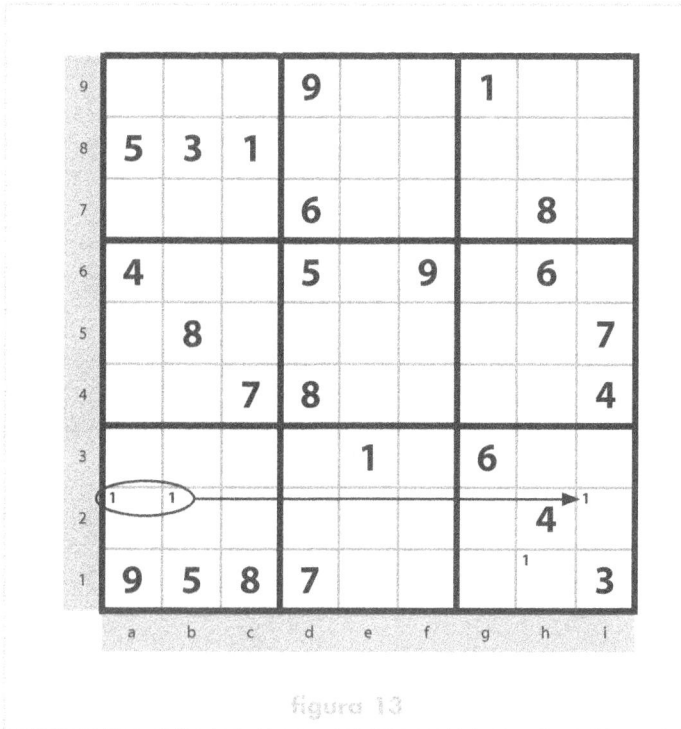

figura 13

Nel riquadro Q1 i candidati del simbolo 1 compaiono soltanto in riga 2. Non sappiamo se sceglieremo 1a2 oppure 1b2, ma possiamo escludere che nei riquadri Q2 e Q3 il simbolo 1 possa comparire in riga 2. Quindi, possiamo escludere 1i2 e di conseguenza possiamo scegliere 1h1 e proseguire nella risoluzione dello schema.

Secondo esempio (fig. 14).

In questo caso notiamo che il 2 nel riquadro Q5 può comparire soltanto nella colonna Cf. Quindi, il 2 è escluso dalla colonna Cf nel riquadro Q2 e può comparire soltanto nella colonna Ce. Nella casella f2 abbiamo il 6 come *naked single*. Infatti, 1, 3, 4, 5, 7, 9 compaiono sulla riga R2 e <2>,8 sulla colonna Cf (abbiamo racchiuso il 2 all'interno di <> come notazione di bloccaggio in Q5 e conseguente esclusione in Q2).

figura 14

La tecnica duale di esclusione si applica quando si nota che, per esempio su due riquadri allineati orizzontalmente, i candidati di un certo simbolo compaiono soltanto su due righe. Non c'è dubbio allora che nel terzo riquadro dell'allineamento orizzontale i candidati del simbolo possono essere inseriti soltanto sulla terza riga. Un discorso analogo, con le opportune simmetrie, si applica per riquadri disposti verticalmente.

Vediamo un esempio in figura 15.
Concentriamoci sulla banda dei riquadri Q1, Q2, Q3. In Q1 il 2 compare soltanto nelle righe R1 e R3. Anche in Q3 il 2 compare soltanto in R1 e R3. Dunque, in Q2 deve necessariamente comparire in R2 per rispettare la regola di base. Possiamo soltanto ammettere il 2 in d2, e2, f2 e dobbiamo escluderlo da d3, f3, e1.

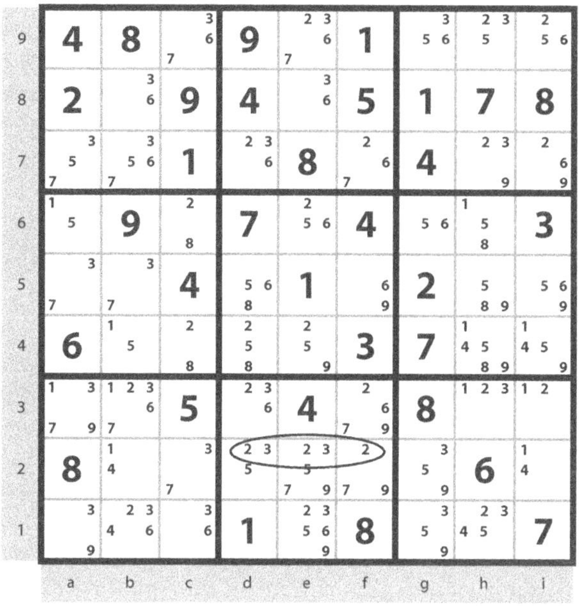

figura 15

Dal punto di vista della notazione, una mossa di esclusione viene indicata collocando il simbolo di riferimento tra le parentesi "<" e ">" seguito dalla lista delle caselle coinvolte collocate tra parentesi tonde. Per esempio, <2> (a2, b2) significa che abbiamo individuato un'esclusione di riga in relazione al fatto che il 2 nel riquadro Q1 compare soltanto in a2 e b2. Non si descrivono le conseguenze dell'esclusione, cioè la riduzione di quei candidati dalle altre caselle del blocco coinvolto, che viene data per scontata.

Tecniche più specializzate (la *famiglia X-Wing*)

X-Wing
La prima tecnica è nota in letteratura come *X-Wing*. Le tecniche successive sono una generalizzazione di X-Wing, per cui si parla anche di *famiglia X-Wing*.

Se in due righe dello schema, i candidati di un simbolo appaiono *soltanto* nelle stesse due colonne di due riquadri diversi (posizionandosi quindi come vertici di un ideale rettangolo) possiamo eliminare i candidati di quel simbolo dalle altre caselle di quelle due colonne (perché comunque saranno già presenti nelle due righe anzidette, anche se non sappiamo su quale diagonale).

Un ragionamento analogo si può effettuare invertendo righe e colonne.

Uno schema teorico è indicato nella figura 16 in riferimento alle righe 2 e 5. Le X indicano eventuali posizioni di candidati che possono essere rimossi.

Segue un esempio reale (fig. 17).

Nelle righe 4 e 7, il simbolo 8 compare soltanto nelle colonne "f" e "i" [Notazione XW 8 (4, 7)(f,i)]. Quindi potremo avere la combinazione 8f4, 8i7, oppure la combinazione 8f7, 8i4. In ogni caso possiamo procedere alla esclusione dell'8 dalle altre righe di quelle colonne. Praticamente si esclude solo 8f9, ma questo ci permette di proseguire con 3f9, 6f1, 3d1, 6d8, 6c7, 9c3, 6g3, e così via fino alla conclusione dello schema.

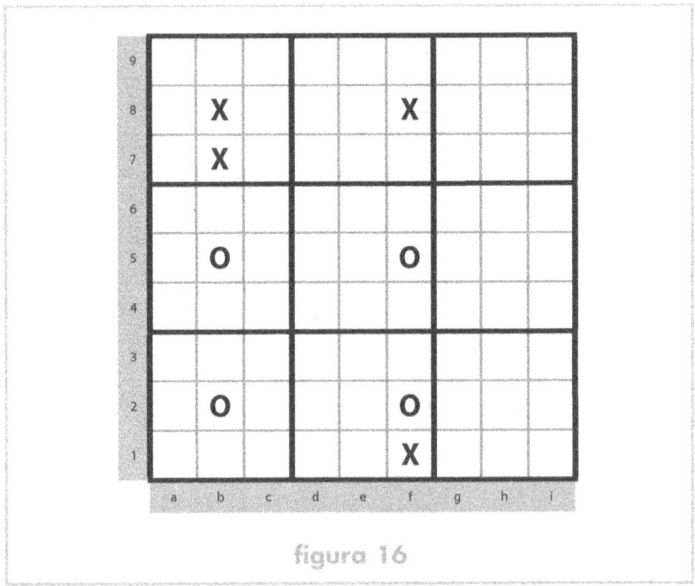

figura 16

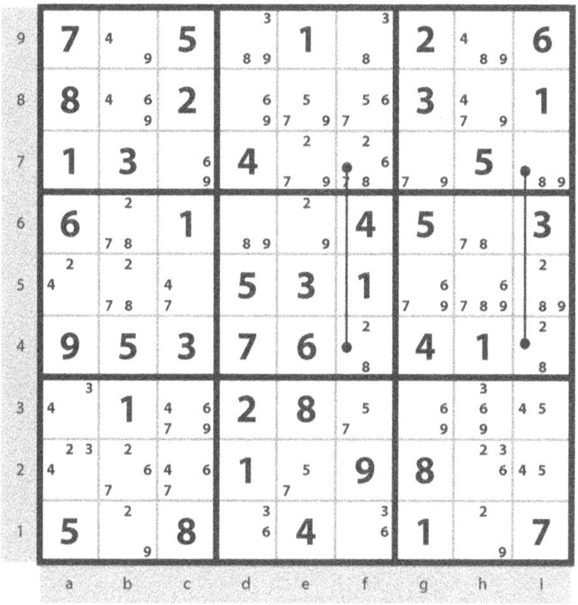

figura 17

Swordfish

La seconda tecnica è un'estensione della precedente ed è assai più rara. È chiamata *Swordfish*.

Se in tre righe un simbolo compare solo su tre colonne, si possono cancellare tutti gli altri candidati di quel simbolo dalle stesse tre colonne perchè evidentemente per ogni colonna il simbolo deve cadere su una delle caselle delle righe anzidette. Il ragionamento è valido anche quando in una o più righe il simbolo compare solo su due delle tre colonne.

Inoltre, il ragionamento è applicabile invertendo righe e colonne.

Segue un esempio generico (fig. 18), dove ancora una volta vengono indicate con O le posizioni di uno Swordfish che interessa le

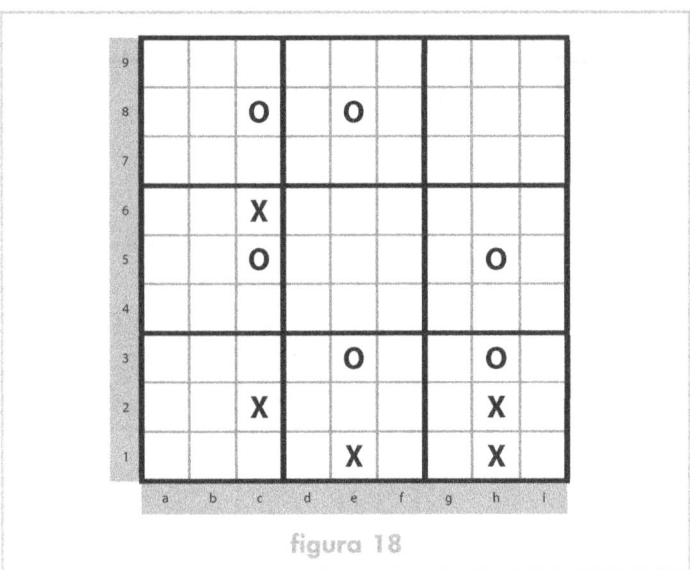

figura 18

righe 3, 5, 8 rispetto alle colonne c, e, h (notiamo che non tutte le posizioni sono coperte) e con X delle posizioni eventuali di candidati escludibili.

E di seguito un esempio concreto (fig. 19)
Notiamo lo Swordfish per il simbolo 9 nelle righe 3, 6, 7 con le colonne b, e, h. Notazione [XW 9 (3, 6, 7)(b, e, h)]. Possiamo di conseguenza escludere 9e2, 9e9, 9h8, da cui 3e9, 9i9, 9h6, 9e3, 9a2, e così via fino alla conclusione dello schema.

Jellyfish

Il *Jellyfish* è il passo successivo a Swordfish e si intuisce immediatamente che si applica su quattro righe rispetto a quattro colonne, o viceversa. La tecnica si applica in casi rarissimi.
Ne riportiamo uno per completezza di esposizione (fig 20).

Si applica sul simbolo 7 per le righe 1, 2, 4, 6 relativamente alle colonne b, d, e, g Notazione [XW 7 (1, 2, 4, 6)(b, d, e, g)]. Possiamo escludere 7b3, 7d5, 7d8, 7e5, 7e9, 7g5, 7g8 e proseguire con 7f8, 2i8, e così via fino alla conclusione.

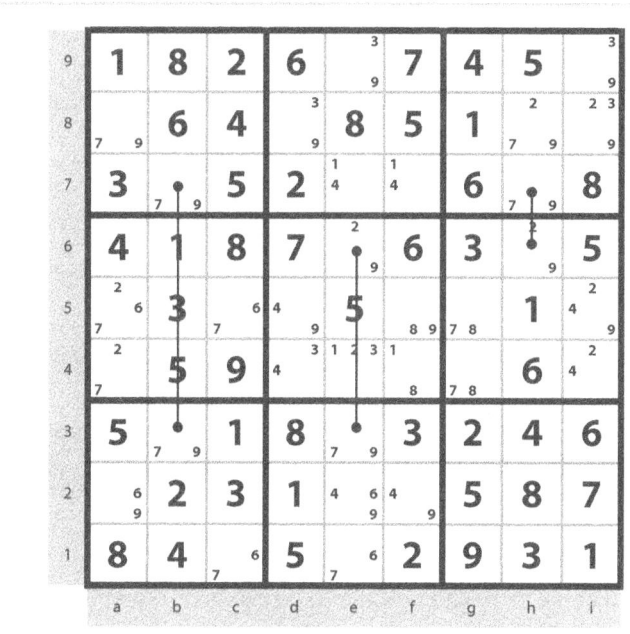

figura 19

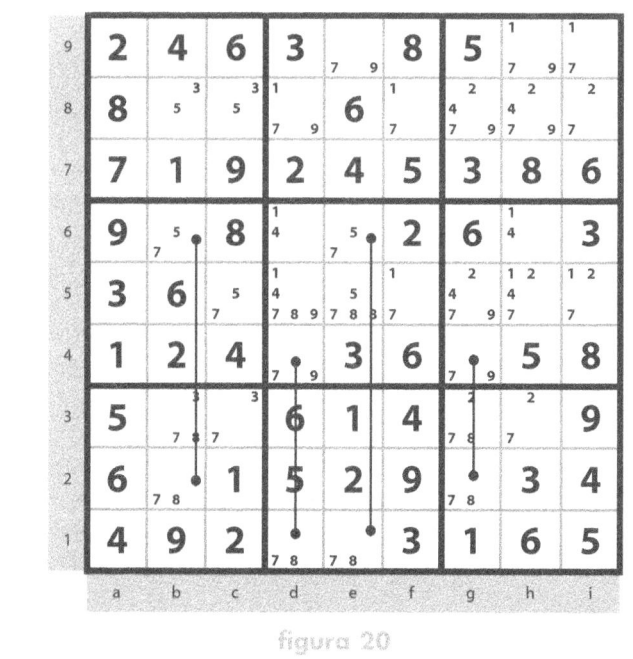

figura 20

Può essere interessante ricordare che era stata battezzata *Squirmbag* la versione su cinque righe, finchè non si è dimostrato che in presenza di uno Squirmbag si ha necessariamente un Jellyfish nell'altra direzione, per cui uno Squirmbag è di fatto sempre evitabile.

Tecnica di congelamento

La tecnica di congelamento è la tecnica più nota di riduzione dei candidati.
Nel caso classico si applica una volta sistemati tutti i candidati teorici in tutte le caselle ancora vuote.

Analizzando un blocco (riquadro, riga o colonna) con molte caselle vuote (ma contenenti i candidati teorici) si scopre che:

1 "n" caselle contengono soltanto candidati di "n" simboli (tutti o alcuni). Pertanto, non sappiamo con quale disposizione gli "n" simboli saturano le "n" caselle, ma possiamo con certezza dire che quegli "n" simboli non possono comparire in altre caselle dello stesso blocco (riquadro, riga o colonna) e, qualora comparissero, possono essere eliminati;

2 i candidati di "n" simboli compaiono soltanto in "n" caselle. Pertanto, non sappiamo con quale disposizione gli "n" simboli saturano le "n" caselle, ma possiamo dire con certezza che in quelle caselle non sono ammessi candidati di altri simboli, e qualora comparissero, possono essere eliminati.

Nel caso 1 si parla di coppie (o triplette, o quadruplette, a seconda del valore di n) "nude" (*naked pairs, triplets, quadruplets*), mentre nel caso 2 si parla di coppie (o triplette o quadruplette) "nascoste" (*hidden pairs, triplets, quadruplets*).

La tecnica viene detta di "congelamento" perché le caselle in esame vengono "congelate" su un numero limitato di simboli.

I due casi sembrano simili, ma pur rappresentando entrambi contesti di "consolidamento" di simboli in caselle, appartengono a scenari diversi, come si può facilmente comprendere dagli esempi che seguono.

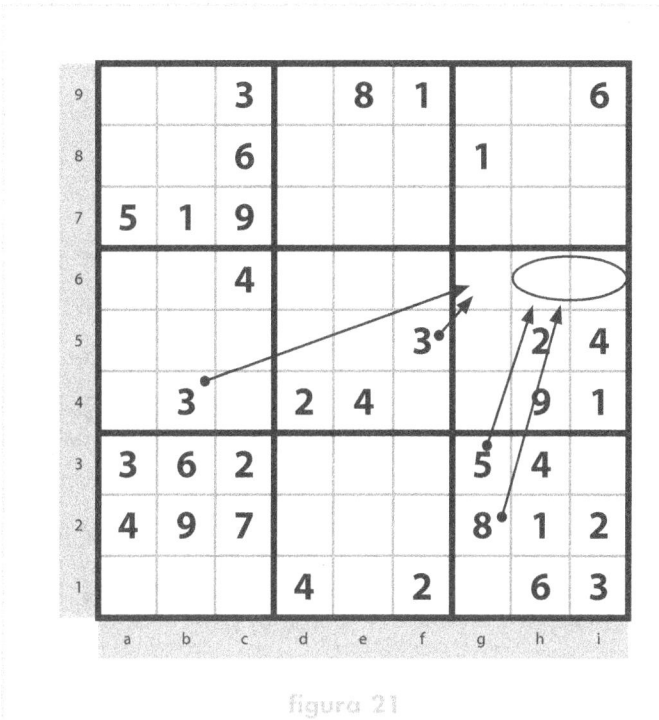

figura 21

I candidati di 5 e 8 possono soltanto comparire in h6 e i6. Non sappiamo con quale disposizione, ma i due candidati saturano, o congelano, le due caselle. Possiamo procedere alla riduzione da quelle caselle di altri candidati, qualora li avessimo già inseriti (caso 2 precedente). Possiamo anche eliminare eventuali candidati 5 e 8, che avessimo inserito sulla riga 6 nei riquadri Q4 e Q5. A questo punto possiamo constatare che il 3, che doveva necessariamente occupare la riga R6 nel riquadro Q6, va a collocarsi in 3g6. Nelle restanti due caselle di Q6 restano il 6 e il 7, esposti come nel caso 1 di cui sopra, e quindi tali da congelare le caselle g4 e g5. Possiamo eliminare 6 e 7 dalla colonna g nei riquadri Q3 e Q9. Pertanto, possiamo scegliere 7i3 e 9g1.

Nello stesso esempio, se avessimo inserito inizialmente tutti i candidati ci saremmo trovati nella seguente situazione (fig. 22), dove avremmo più facilmente individuato subito la coppia "nuda"

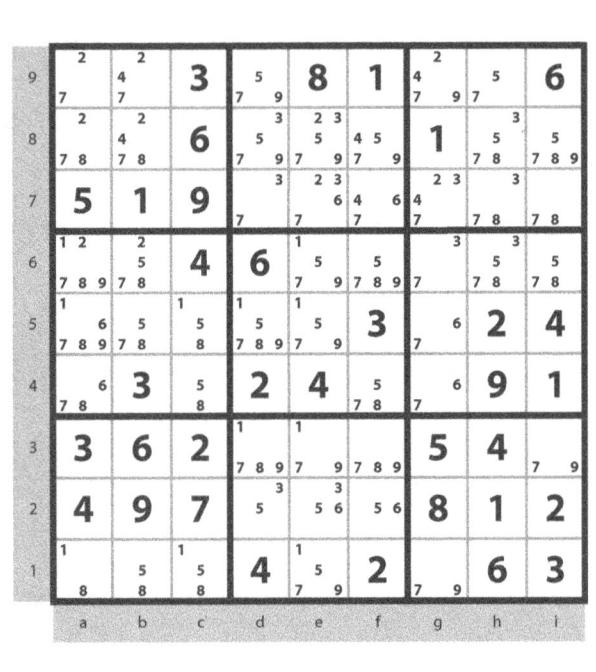

figura 22

<6,7> in g4, g5 e solo in un secondo tempo la coppia "nascosta" <5,8> in h6, i6. Ma al prezzo di aver scritto prima tutti i candidati. Con l'elaboratore è facile ottenerlo; con carta e penna, è più faticoso.

Con l'occasione, rileviamo anche una tripletta "nuda" in d7, h7, i7 su <3,7,8> e una coppia "nascosta" <7,9> in e1, g1.

Fatte le opportune riduzioni ci ritroviamo nella situazione di figura 23 da cui è facile arrivare a conclusione dello schema.

La tecnica di congelamento genera spesso effetti a cascata. Si applica inizialmente su un blocco, poi si scopre che la riduzione di candidati conseguente apre l'opportunità di un altro congelamento in un altro blocco, e così via, finché una riduzione porta a isolare un unico candidato certo in una casella e ci si avvia alla soluzione dello schema.

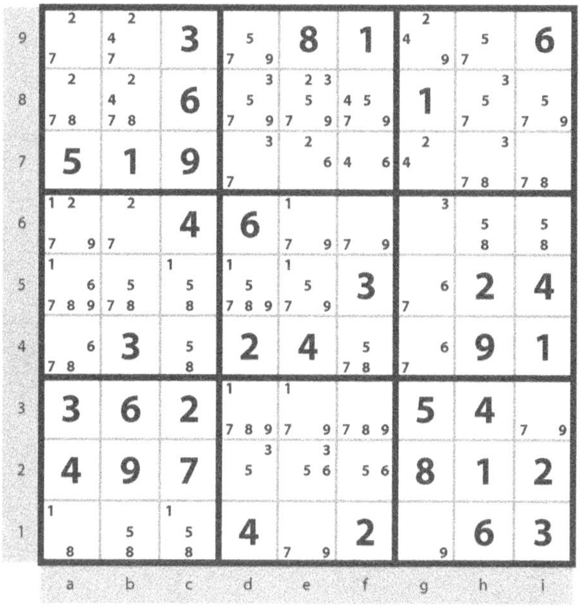

figura 23

Per concludere, vorremmo ricordare che "n" di solito vale 2 o 3. Nello schema classico a 9 caselle di lato, è molto raro che "n" valga 4. Non si prende in considerazione un congelamento su 5 caselle perché, se esistesse, dovremmo prima prendere in considerazione il suo complementare su quattro caselle o meno.

Dal punto di vista della notazione, una mossa di congelamento (nudo o nascosto) viene descritta sistemando i simboli coinvolti tra le parentesi "<" e ">" seguiti dalla lista delle caselle coinvolte tra parentesi tonde. Per esempio <2,5,7> (a1,b1,c2) significa congelare le caselle a1, b1 e c2 sui simboli 2, 5 e 7. Non si descrivono le conseguenze del congelamento, cioè la riduzione di quei candidati dalle altre caselle dei blocchi coinvolti, che viene data per scontata.

Esaminiamo un esempio complesso di applicazione di tecniche base di riduzione dei candidati (fig. 24).

	a	b	c	d	e	f	g	h	i
9		8		9					
8	2					5		7	
7			1		8		4		
6		9		7					3
5			4		1		2		
4	6					3			
3			5		4		8		
2	8							6	
1				1					7

figura 24

Le prime mosse sono semplici (fig. 25):
1f9, 7g4, 8i8, 1g8, 8f1, 4d8, 4a9, 4f6, 9c8 (R).

Prima di gettarsi a capofitto a inserire candidati di ogni tipo, concentriamoci su quei candidati che compaiono soltanto a coppia in un riquadro. Se siamo sufficientemente attenti possiamo notare che il 3 e il 7 nel riquadro Q4 congelano a5 e b5, cui segue il congelamento su 1,5 di a6 e b4 e su 2,8 di c4 e c6 (fig. 26).

Notiamo anche che i candidati del 5 in Q7 compaiono soltanto sulla riga 7, per cui in Q9 compariranno soltanto nella riga 9. Per quanto riguarda i candidati del 9 nella banda verticale più

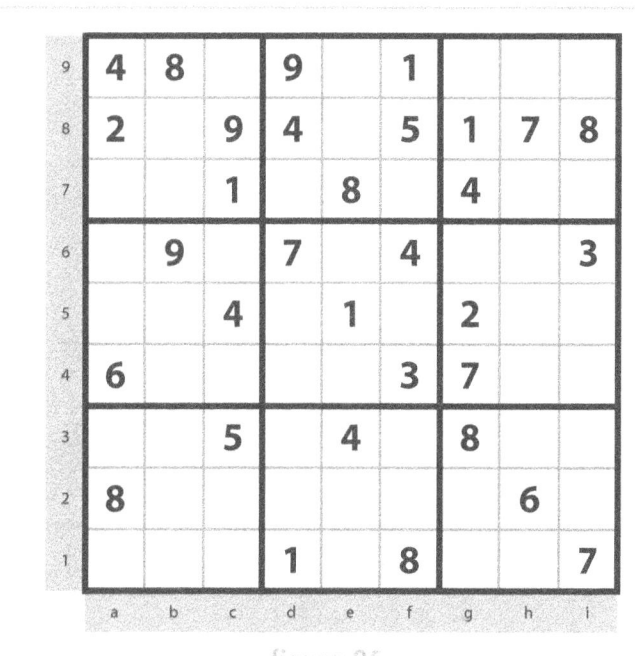

figura 25

figura 26

a destra, in Q9 compaiono soltanto nelle colonne "h" e "i", e così pure in Q6, per cui in Q3 compariranno soltanto nella colonna "g", in g1 e g2.

A questo punto siamo costretti a inserire progressivamente tutti i candidati e ci ritroviamo nella situazione seguente (fig. 27).

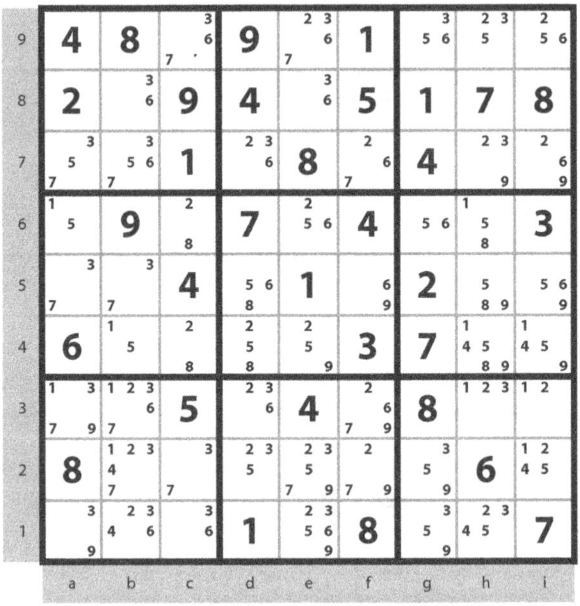

figura 27

Prima di gettare la spugna, pensando di non avere modo di procedere, ricordiamo che esiste sempre la possibilità di casi di congelamento nascosto. Osservando con più attenzione scopriamo che i candidati 1 e 4 sulla riga 2 compaiono soltanto in b2 e i2 e quindi congelano le caselle. Il primo effetto di questa constatazione è che i candidati del 2 sulla riga 2 si limitano al quadrante Q2, in cui quindi possiamo eliminare i candidati del 2 nelle altre righe.

A questo punto possiamo notare che sulla riga 1 abbiamo un congelamento quadruplo esplicito sui candidati 3, 5, 6, 9 (o, se preferite, un congelamento nascosto su 2,4 in b1 e h1).

Ancora un piccolo sforzo. Nel riquadro Q3 i candidati del 5 compaiono soltanto nella colonna g e quindi escludono i 5 nel resto della colonna, il che ci porta finalmente alla scelta definitiva 6g6 (fig. 28).

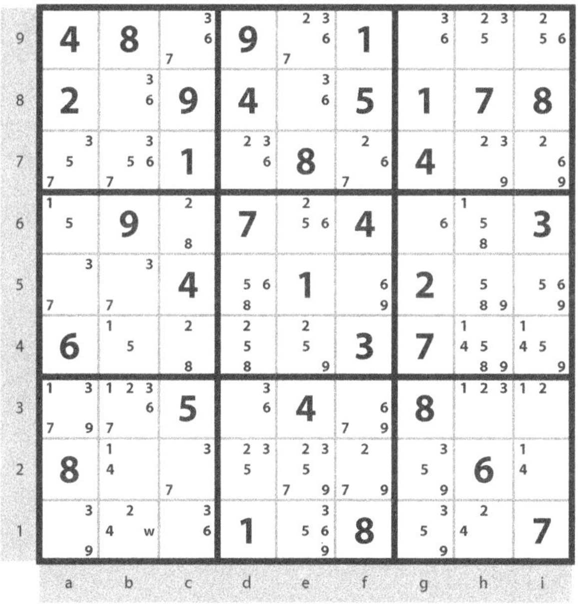

figura 28

Adesso, si prosegue speditamente:
6g6, 3g9, 3h3, 6d3, 6f5, 6c1, 9e4, 3c2, 3e1, 3b8, 6e8, 3a5, 6b7, 6i9, 5h9, 5a7, 7c9, 2e9, 7f7, 5e6, 7e2, 5b4, 1a6, 5i5, 5d2, 5g1, 9g2, 2d4, 8d5, 2c6, 8h6, 8c4, 7b5, 9h5, 7a3, 9a1, 2f2, 9f3, 9i7, 2h7, 2i3, 1b3, 2b1, 4b2, 1i2, 4h1, 1h4, 4i4.

Lo schema finale è allora:

	a	b	c	d	e	f	g	h	i
9	4	8	7	9	2	1	3	5	6
8	2	3	9	4	6	5	1	7	8
7	5	6	1	3	8	7	4	2	9
6	1	9	2	7	5	4	6	8	3
5	3	7	4	8	1	6	2	9	5
4	6	5	8	2	9	3	7	1	4
3	7	1	5	6	4	9	8	3	2
2	8	4	3	5	7	2	9	6	1
1	9	2	6	1	3	8	5	4	7

figura 29

Pausa di riflessione sulla strategia di gioco

A questo punto dell'esposizione è opportuno fare una breve digressione sulla strategia di gioco come conseguenza dell'adozione delle tecniche di esclusione e di congelamento, in particolare facendo riferimento al caso del congelamento nascosto, cioè di n simboli presenti soltanto in n caselle di un blocco. Individuare in anticipo questa situazione è molto importante per quei giocatori che desiderano progressivamente aumentare la loro velocità di esecuzione dello schema.

Spesso capita, durante il processo di soluzione, di scoprire che due candidati di due simboli possono essere sistemati soltanto in due caselle di un riquadro. Se ci accorgiamo di questo evento prima di aver piazzato altri candidati, possiamo "congelare" le due caselle sulla coppia di simboli e concentrarci sulle caselle vuote restanti nel riquadro per collocare i simboli mancanti (e magari scoprire un altro congelamento). Inutile dire che invece di due simboli in due caselle, potremmo avere tre simboli in tre caselle, e invece di un riquadro, potrebbe trattarsi di una riga o una colonna. Ma il primo caso è di gran lunga il più frequente e soprattutto il più facile da individuare.

Per poter rilevare questo congelamento elementare al più presto nel corso della partita si è già consigliato di sistemare inizialmente nei riquadri esaminati soltanto i candidati che si presentano in coppie.

Quando si risolve un sudoku con matita e gomma si può anche, una volta individuate due caselle congelate su due simboli, sbarrare le due caselle per evitare di aggiungere ulteriori candidati per distrazione in una fase successiva di gioco. Quando si diventa esperti, questo accorgimento diventa superfluo.

La situazione di stallo apparente

Le tecniche di esclusione di uso frequente e la tecnica di congelamento sono le sole tecniche significative di riduzione dei candidati che vengono citate nella maggior parte dei manuali dedicati al sudoku. In effetti, con queste tecniche si risolvono molti schemi anche difficili, ma non si completa la casistica dei casi possibili.

Restano fuori quegli schemi in cui, dopo aver riempito un certo numero di caselle in modo deterministico con le tecniche esaminate finora, ci si trova in una posizione di "stallo" apparente, nel senso che ogni casella ancora vuota presenta due o più candidati e non è possibile applicare nessuna delle considerazioni precedentemente sviluppate per riuscire a introdurre un simbolo certo in una qualsivoglia casella ancora vuota, cioè contenente solo candidati.

Apparentemente, non resterebbe che procedere per tentativi casuali. Seguendo questo approcio, si sceglie di solito una casella che abbia due soli candidati (in inglese, *bivalue*) o un blocco che abbia due sole alternative di casella per un candidato (in inglese, *bilocation*) e che abbia una posizione "centrale", nel senso che la scelta di un'alternativa possa ripercuotersi su molte altre caselle adiacenti. Prima di procedere si deve in qualche modo fare una "fotografia" della situazione di gioco a questo stadio di sviluppo (perché eventualmente è necessario ripartire da questo punto), quindi si sceglie una delle due alternative possibili fra i candidati e si prosegue nello sviluppo dello schema a partire dagli effetti generati dal valore scelto. Se si riesce a concludere lo schema, il candidato scelto era corretto; altrimenti, se si crea una qualche situazione incongruente, si deve scegliere l'altro candidato ripartendo dalla "fotografia" memorizzata.

Ci sono molte considerazioni da fare su questa tecnica.

La prima è che la tecnica è piuttosto *banale*, ancorché formalmente corretta dal punto di vista logico. È l'approccio naturale che è venuto in mente a ciascuno di noi la prima volta in cui ci si è trovati di fronte a questa situazione. La seconda è che la tecnica è molto *noiosa*. È necessario fare una fotografia della situazione prima di procedere. Alcune riviste offrono uno schema libero a lato per prendere appunti. Altrimenti si deve ricorrere a un foglio di carta separato. Il problema si complica quando capita di ritrovarsi in una posizione di stallo dopo aver operato un primo tentativo di scelta. In questa circostanza si dovrebbe fare una nuova fotografia di secondo livello e gestire le combinazioni di scelte (e di fotografie) a ritroso in caso di primi insuccessi; oppure si dovrebbe ripartire da un'altra casella sperando di andare più spediti. Entrambe le opzioni sono disarmanti, perché comportano molto lavoro e poco divertimento.

La terza, e principale, considerazione è che l'intero contesto è *irritante* per la maggior parte dei giocatori. Il Sudoku stimola le menti logiche. Il divertimento si prova nello scoprire passo passo con atti logici successivi il cammino risolutivo. Se l'obiettivo di un giocatore di sudoku fosse semplicemente la produzione dello schema risolutivo, basterebbe ricorrere al computer. Con l'approccio per tentativi, la soddisfazione che si prova nello scoprire in modo logico e certo la prossima mossa di uno schema difficile, scompare perchè si tratta di procedere con una scommessa, che per di più comporta molto lavoro (non logico) aggiuntivo (ci riferiamo alla "fotografia" durante il tentativo).

Questa dichiarazione di insoddisfazione è comprovata dal fatto che molte autorevoli riviste di Sudoku, e praticamente tutti i quotidiani, non presentano schemi di questa categoria, questi schemi sono stati definiti da alcuni autori "non giocabili", anche se sarebbe meglio definirli "non convenzionali" (e sono evidentemente risolubili, perlomeno con la tecnica dei tentativi successivi), per il momento non vengono proposti ai giocatori nei tornei.

Per la verità, se si entra nella letteratura specializzata, e qui ci riferiamo piuttosto a documenti rintracciabili in siti dedicati al Sudoku e a tecniche associate all'uso di prodotti software, troviamo un elenco molto consistente di algoritmi sviluppati per affrontare questa classe di schemi.

Nel paragrafo dedicato alle referenze bibliografiche indicheremo dove trovare questi articoli e i pochi libri che affrontano il problema.

Ma anticipiamo due considerazioni che possono essere facilmente verificate.

La prima è che gli autori di queste pubblicazioni specializzate sono perlopiù esperti di programmazione e quindi naturalmente orientati a cercare algoritmi rappresentabili in linguaggi formali. Da un lato, questo comporta che certi metodi sono fuori della portata di applicazione di un giocatore umano, soprattutto di qualcuno che vuole risolvere uno schema solo con carta e penna, magari seduto sotto un ombrellone (seppur disposto a spremersi le meningi). D'altro lato, questo approccio presenta il rischio di non aver approfondito abbastanza altre tecniche che sfruttano l'intelligenza umana e sono a disposizione di qualunque giocatore generandogli soddisfazione e facendolo divertire, pur senza essere immediatamente esprimibili in algoritmi formalizzati.

La seconda considerazione, conseguenza della prima, è che comunque tutti questi autori affermano che esistono casi in cui è inevitabile procedere per tentativi (la sfumatura di interpretazione tra *trial and error* e *guessing* non è univoca e dipende da autore ad autore).

Ci proponiamo nel prosieguo di mostrare che gli schemi "non convenzionali" sono quasi sempre risolvibili attraverso sequenze di mosse certe e che quindi l'approccio per tentativi può essere quasi sempre evitato.

Abbiamo intenzionalmente detto "mostrare" e non "dimostrare", perché da un lato è pur vero che siamo riusciti a risolvere con gli strumenti che descriveremo nel seguito tutti gli schemi "non convenzionali" che abbiamo incontrato fino a oggi nelle pubblicazioni consultate; ma d'altro lato, non possiamo escludere che esista uno schema, opportunamente costruito ad arte, che si sottragga alle tecniche di soluzione qui proposte. Anzi, in un capitolo successivo, mostreremo che questi schemi esistono e si sottraggono per ora a tutte le tecniche di soluzione "chiuse", manuali o digitali, che siano state pensate. Trattandosi di casi molto particolari, non minano la sostanza del discorso che stiamo portando avanti: non è escluso che questi fortilizi vengano in un prossimo futuro espugnati.

In realtà, la dimostrazione che esista un approccio puramente deterministico è implicitamente garantita dal fatto che trattiamo schemi a soluzione unica, preparati ad arte. Lo stallo è solo apparente. L'equilibrio dei candidati è vacillante e basta qualche scossa opportuna per farlo precipitare verso la soluzione corretta. Dunque, il problema non è dimostrare che esista sempre una prossima scelta certa, ma (di)mostrare che tale scelta sia alla portata di menti umane, ancorchè allenate, cioè non richieda uno sforzo mnemonico a buon senso insormontabile. Noi cercheremo di mostrare che fra tante scelte corrette possibili (una per ogni casella vuota) ce n'è sempre una raggiungibile visivamente lavorando solo sullo schema.

Tecniche avanzate

A questo punto entriamo nella parte impegnativa di questo libro. Dapprima esaminiamo due tecniche sofisticate di riduzione di candidati, che da sole consentono di risolvere la quasi totalità degli schemi proposti.

Quindi, aggiungiamo due tecniche, una di scelta certa e una mista (cioè, a volte di scelta certa e a volte di riduzione di candidati), che consentono in certi casi di accelerare il processo di soluzione e che si applicano quasi naturalmente mentre si ragiona in un contesto di tecniche avanzate.

Infine, analizziamo casi in cui queste tecniche vanno ripetute in fasi successive.

Le tecniche non sono mutuamente esclusive. Molti schemi si possono risolvere con più di una tecnica e più di un punto di partenza.

Padroneggiare bene tutte le tecniche, imparando a "osservare" con occhio critico la distribuzione dei candidati nella condizione di stallo, consente di scegliere più in fretta la tecnica e il punto di partenza giusti. Si pensi a un buon artigiano che peschi l'attrezzo opportuno dalla sua borsa dopo aver esaminato il guasto da riparare!

Le tecniche avanzate di riduzione dei candidati

Nel corso di questo capitolo descriveremo due tecniche avanzate di riduzione di candidati, con le quali si può di fatto risolvere qualsiasi situazione di stallo in schemi complicati pubblicati su quotidiani, libri o riviste specializzate.

La tecnica di eliminazione

La tecnica di eliminazione si applica quando, partendo da un numero limitato di candidati in un riquadro (generalmente due) si riesce a individuare che in un altro riquadro sono possibili, coerentemente con lo schema noto e con i candidati teorici degli altri riquadri, un numero di candidati inferiore a quello teorico. Alcuni candidati restano dunque "esclusi" e si possono eliminare.

I candidati analizzati per l'eliminazione appartengono di solito allo stesso simbolo dei candidati di partenza, ma non necessariamente.

Questa tecnica può essere ripetuta più volte in riquadri diversi e con simboli diversi, portando a un notevole alleggerimento del numero totale dei candidati teorici, e abbiamo ripetutamente ricordato che più lo schema si dirada, più è facile trovare la tecnica definitiva di soluzione.

In alcuni casi, l'applicazione della tecnica di eliminazione porta alla soluzione finale a partire da una situazione di stallo apparente anche complessa.

Vediamo un paio di esempi.

Esempio 1 (fig. 30): esaminando i candidati del 2 in Q6 notiamo che 2c6 in Q4 non viene mai preso in considerazione. Infatti, 2g6 e 2h6 puntano su 2a5 e 2h5 implica 2a6, come da figura. Quindi possiamo eliminare 2c6 [La notazione è ELI (2c6): 2Q6], che provoca 2c8, 8h8, e così via fino al completamento dello schema.

Esempio 2 (fig. 31): esaminando i candidati dell'8 in Q9 osserviamo che 8i1 è sempre escluso e quindi può essere eliminato [ELI (8i1): 8Q7], da cui 8a1, 8c7, <2,3>(f,i)7, 7d7, 5b7, ... fino alla conclusione dello schema.

Le tecniche della "prossima mossa sbagliata"

Il punto di partenza per comprendere le tecniche di soluzione descritte in questo paragrafo è di pensare che, una volta raggiunta la posizione di stallo apparente, non si deve più cercare la prossima scelta giusta di un candidato in una casella, come si era fatto in precedenza e come si sarebbe tentati di continuare a fare, bensì

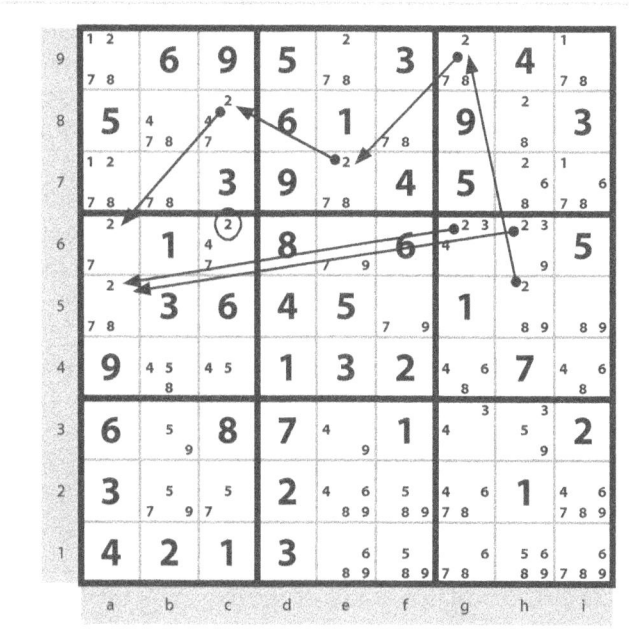

figura 30

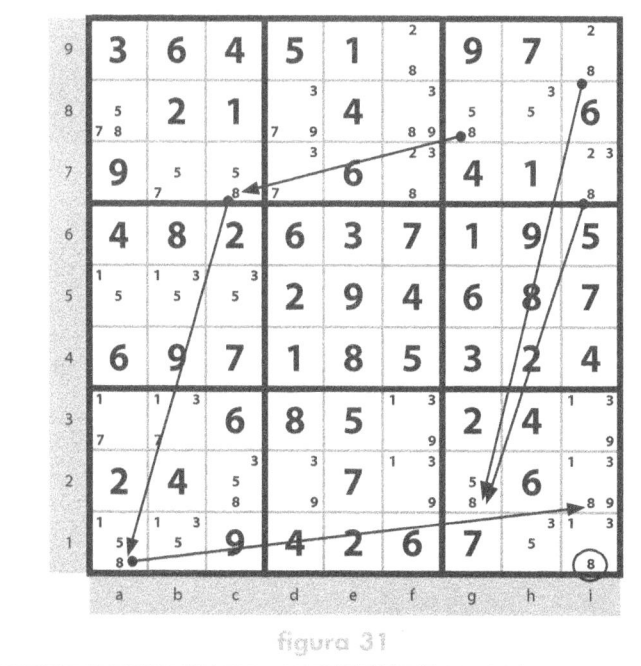

figura 31

si deve pazientemente ricercare una mossa che sia certamente sbagliata, purché facilmente individuabile come tale. Infatti, una scelta giusta non è più ottenibile (a parte i casi di applicazione della tecnica di invarianza del prossimo paragrafo o di casi particolari di unicità, che descriveremo in seguito) se non a condizione di poter mentalmente risolvere l'intero schema, operazione fuori portata per la maggior parte dei giocatori, soprattutto quando restano molte caselle da completare. Al contrario, trovare scelte sbagliate richiede soltanto pazienza e un piccolo allenamento, non molto più impegnativo di quello già praticato dai giocatori di sudoku per risolvere rapidamente gli schemi convenzionali.

Una scelta sbagliata (indicheremo la tecnica con l'acronimo NWM, *Next Wrong Move*, cioè "prossima mossa sbagliata") consente ancora una volta una "riduzione" di candidati, cioè la cancellazione di una opzione fra i candidati di una casella (l'opzione, appunto, che genera la scelta sbagliata), e questa cancellazione, a seconda delle circostanze, può avere un effetto circoscritto o portare alla soluzione completa dello schema.

Passiamo, ora, a classificare le tipologie di scelte sbagliate che ci conviene cercare. Notiamo che esiste un naturale parallelismo con la classificazione delle scelte giuste introdotta nella prima parte. Cambia l'ordine di presentazione, perché scegliamo un ordine che rispetti la frequenza di utilizzo, e se prima prevaleva la ricerca della prossima mossa certa per riquadro, adesso prevale la ricerca della prossima mossa sbagliata per effetti su allineamenti di riga o colonna. Dobbiamo cercare una scelta che:

- non rispetti l'unicità di ogni simbolo su una riga e quindi generi un simbolo doppio (NWM!R) o l'assenza di un simbolo (NWM?R) in una riga;
- non rispetti l'unicità di un simbolo su una colonna e quindi generi un simbolo doppio (NWM!C) o l'assenza di un simbolo (NWM?C) in una colonna;
- non rispetti l'unicità di un simbolo in un riquadro e quindi generi un simbolo doppio (NWM!Q) o l'assenza di un simbolo (NWM?Q) in un riquadro;
- non rispetti l'unicità di un simbolo in una casella e quindi generi un simbolo doppio (NWM!K) o l'assenza di un simbolo (NWM?K) in una casella.

Di solito, prima di ricorrere a questi metodi si è raggiunta la situazione di stallo apparente e quindi sono stati inseriti tutti i candidati per ogni casella. Infatti, solo dopo l'inserimento di tutti i candidati dello schema si può verificare l'inapplicabilità delle tecniche convenzionali di riduzione per esclusione o congelamento, descritte in precedenza, e ci si deve cimentare quindi nell'applicazione di una tecnica avanzata di riduzione. Tuttavia ci sono alcuni casi semplici, ma piccanti, di tecniche NWM, che possono essere individuate nel corso di una partita anche prima dello stallo apparente (perché riguardano i candidati di un solo simbolo) e che sono utili per introdurre l'argomento.

Partiamo da uno scenario ipotetico di distribuzione dei candidati del "5" in Q1, Q3, Q4, Q6. Nella figura ci concentriamo solo sui candidati del 5 in alcune caselle e per questo usiamo la notazione di inserire i candidati stessi tra parentesi graffe (fig. 32).

Uno scenario di questo genere non è nemmeno raro. Ci accorgiamo subito che la scelta eventuale di 5i6 è certamente sbagliata, perché provoca la ripetizione di un simbolo in una riga (5b6 nel

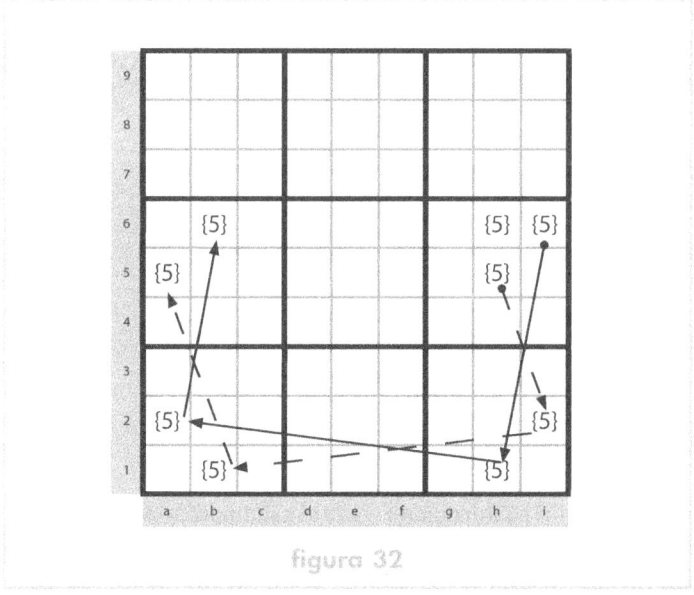

figura 32

caso specifico). Possiamo dunque escludere il candidato 5i6. Con un analogo ragionamento possiamo escludere il candidato 5h5 (che genera 5a5). Solo adesso possiamo dedurre che 5h6 è la prossima scelta giusta e trarne le conseguenze negli altri riquadri (5a5, 5b1, 5i2). Se ci fossimo concentrati subito su 5h6 non avremmo potuto trarre alcuna conclusione. Non è detto che l'individuazione di 5h6 ci porti a risolvere l'intero schema, ma certamente ci fa compiere un importante passo avanti.

Dal punto di vista della notazione, in riferimento alla figura precedente, scriveremo

NWM!R (5i6): 5b6
NWM!R (5h5): 5a5

per indicare che la scelta 5i6 genera una contraddizione sulla riga 6, perché produce 5b6, e la scelta 5h5 sulla riga 5 perché produce 5a5.

Osserviamo, peraltro, che le tecniche NWM appartengono a un'unica famiglia e il suggerimento di introdurre precisazioni nella notazione serve essenzialmente come promemoria del ragionamento fatto, ma non è un'indicazione univoca. Se nell'esempio precedente ci fossimo mossi in senso antiorario (fig. 33), saremmo giunti alla stessa conclusione di scelta sbagliata, ma avremmo scritto

NWM!C (5i6): 5i2
NWM!C (5h5): 5h1

Esaminiamo un esempio completo, sempre in riferimento ai candidati di un solo simbolo (fig. 34).

Concentriamoci sui candidati dell'1 nei riquadri Q5, Q6, Q8 e Q9. La scelta 1i5 è sbagliata perché genera 1f5, cioè una incompatibilità di riga. Come notazione, indicheremo

NWM!R (1i5): 1f5

Questa tecnica di riduzione riferita ai candidati di un solo simbolo si può applicare solo in determinate circostanze, e comunque quando i candidati sono sistemati in modo da generare un "per-

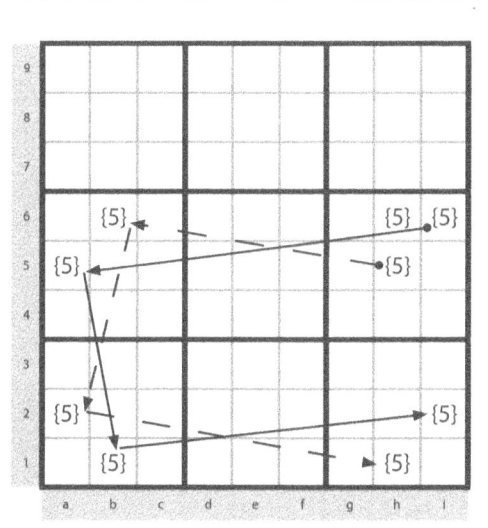

figura 33

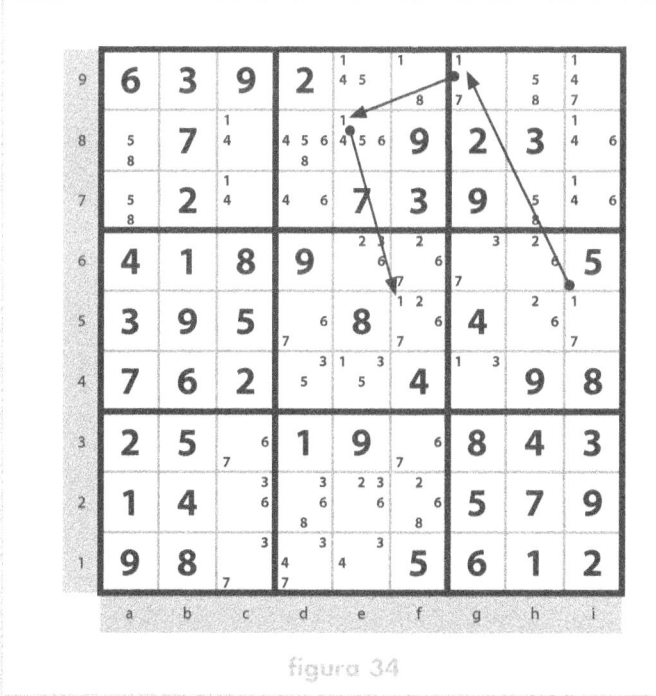

figura 34

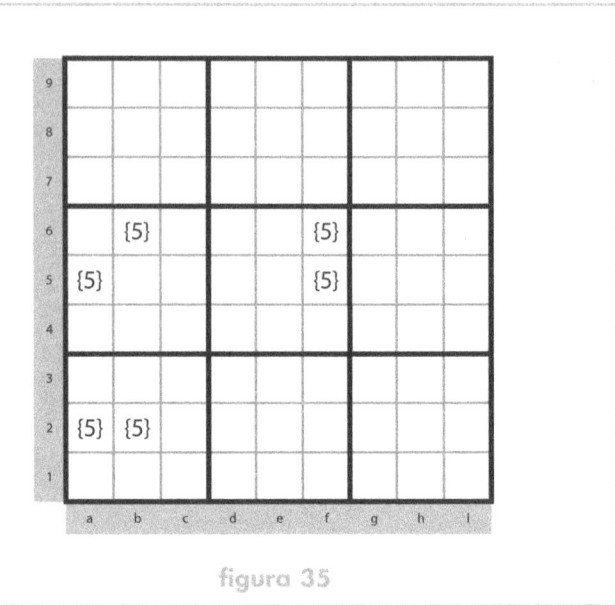

figura 35

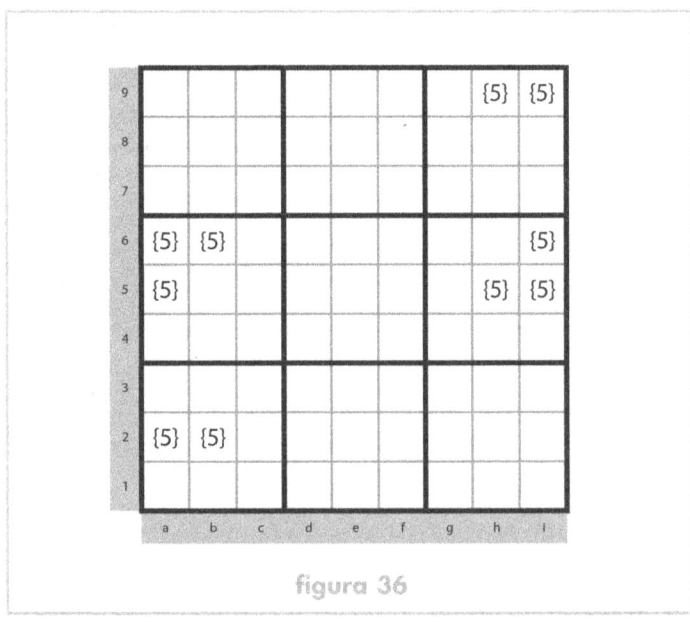

figura 36

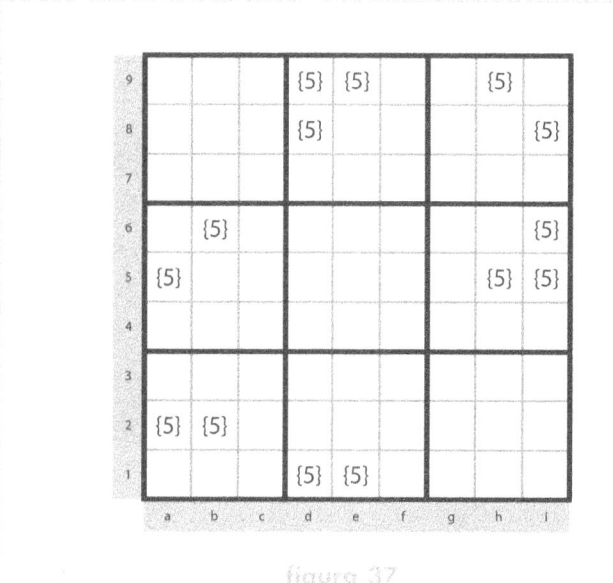

figura 37

corso chiuso" (più avanti, dedicheremo un intero paragrafo ai concetti di "percorso aperto" e "percorso chiuso" o "circuito"). Il caso più semplice è quello esposto più sopra. I candidati compaiono in più di una riga e di una colonna di ogni riquadro in cui sono presenti e appaiono in quattro riquadri sistemati ai vertici di un rettangolo ideale.

La tecnica non è applicabile su un solo simbolo quando i candidati sono sistemati su un percorso aperto, cioè un "percorso" con tappi alle estremità, come negli esempi delle figg. 35, 36, 37.

Di seguito, presentiamo vari esempi di applicazione delle tecniche NWM, sia operando su candidati di un solo simbolo che, caso più frequente, incrociando i candidati di due o più simboli. Più avanti vedremo casi in cui la tecnica deve essere ripetuta più volte nel corso della stessa partita per arrivare alla conclusione. Notiamo anche che non sempre l'individuazione di una scelta sbagliata si articola su un percorso lungo: in certi casi si esaurisce in due riquadri!

Primo esempio: NWM!K

Osservando la casella d1 possiamo scoprire che la scelta dell'8 genererebbe un'incongruenza in b7.
Infatti:

8d1; 7i1; 7h9; 7g5; 7a6; 7b7

ma anche

8d1; 1d2; 4d7; 1b7

cioè, due valori diversi nella stessa casella seguendo due percorsi diversi, la qual cosa non è accettabile.
Siamo autorizzati a scartare 8d1 e scriveremo

[NWM!K (8d1) : (1,7)b7]

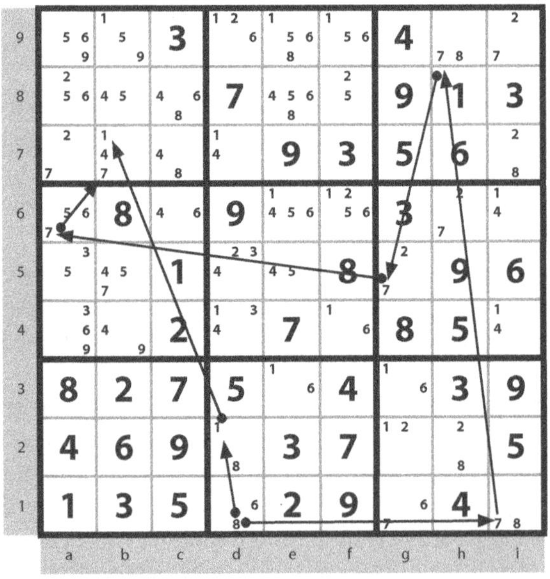

figura 38

Secondo esempio: NWM?C

Osservando la casella b5, notiamo che la eventuale scelta del candidato 9 eliminerebbe tutti i 9 dalla colonna f. Infatti

9b5 elimina immediatamente 9f5;
9b5 genera 9c7 e 9i8, e quindi elimina 9f8.

Dobbiamo quindi scartare 9b5 [NWM?C (9b5): ?9Cf] e optare di conseguenza per l'alternativa 9c6.

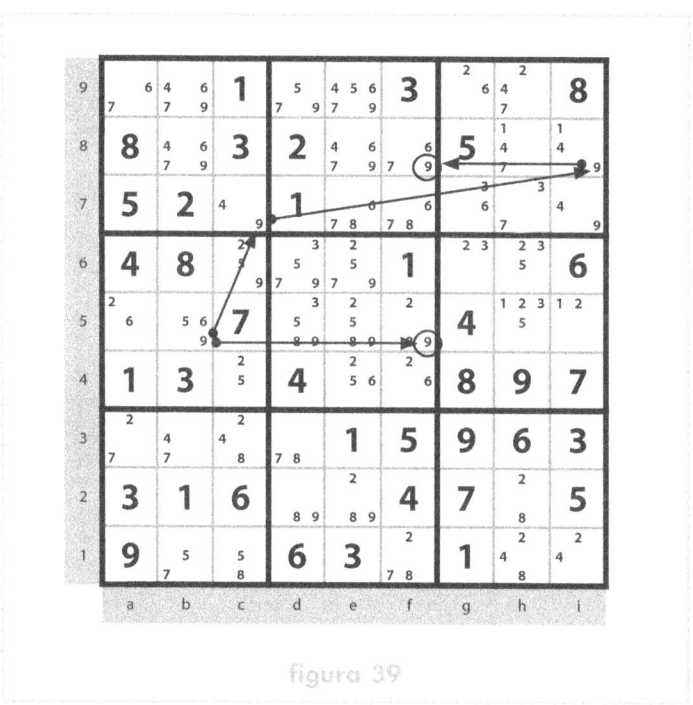

figura 39

Terzo esempio: NWM!Q

Osservando la casella e4 notiamo che l'eventuale scelta del candidato 4 genera l'incongruenza di avere due caselle in Q2 con un 4. Infatti

4e4 provoca 4c6, 4a3 e quindi 4f1;
4e4 provoca anche 6f5, 8f8 e 4f3.

Poiché non è possibile avere simultaneamente due 4 nello stesso quadrante (e pure nella stessa colonna!) dobbiamo accettare di scartare 4e4 [NWM!Q (4e4): 4f(1,3)] e optare per l'alternativa 4e6.

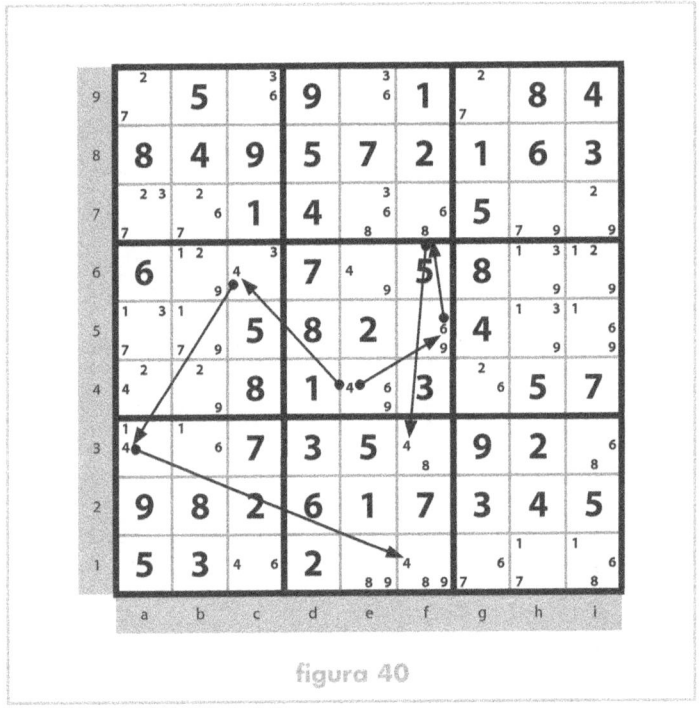

figura 40

Quarto esempio: NWM!C

Osservando la casella b4, notiamo che l'eventuale scelta del candidato 7 porterebbe a una contraddizione sulla colonna c dove comparirebbe due volte il simbolo 7. Infatti

7b4 genera immediatamente 7c2,
7b4 genera 8c5 e quindi 7c7.

Partendo dall'osservazione NWM!C (7b4): 7c(2,7), optiamo per l'alternativa 7a4.

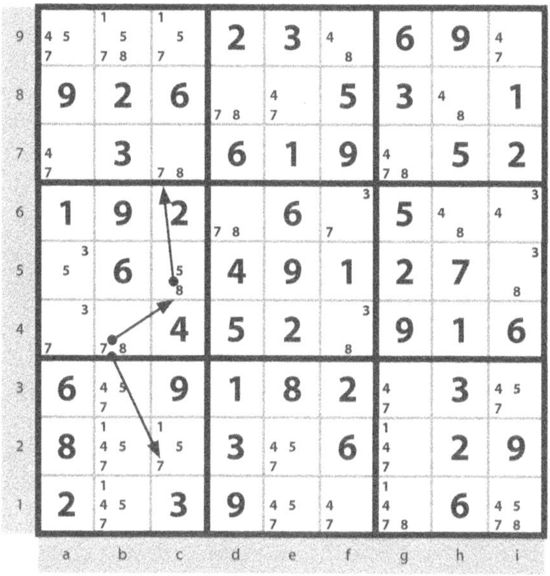

figura 41

Ulteriori tecniche avanzate

In questo paragrafo citiamo due tecniche avanzate (invarianza e unicità) che si possono applicare mentre si esaminano le catene di candidati come suggerito nel paragrafo precedente. Padroneggiando queste tecniche si può accelerare il processo di risoluzione.

La tecnica di invarianza

La tecnica di invarianza si applica quando è possibile constatare che, costruendo scenari a partire da tutti i possibili candidati (preferibilmente 2) di un simbolo in una entità (allineamento o riquadro) o da tutti i candidati (preferibilmente 2) di una casella, *in una qualche altra casella raggiungibile dallo scenario, viene selezionato sempre lo stesso candidato fra quelli ammessi*. Poiché si è premesso che gli scenari esaminati esauriscono una qualche alternativa di partenza, il candidato invariante nella casella bersaglio può essere considerato una scelta definitiva.

La tecnica dell'invarianza va tenuta ben presente, perché è quasi sempre applicabile in casi di situazioni complesse al momento dello "stallo" apparente, cioè con molte caselle libere piene di candidati.

Possono esistere molte caselle invarianti a distanze diverse a seconda della alternativa di partenza. Il problema è che non ci sono suggerimenti pratici per individuare una casella bersaglio invariante a distanza sostenibile.

A volte, l'invarianza si scopre per caso, mentre si sta applicando la tecnica di eliminazione del paragrafo precedente o più spesso la tecnica della prossima mossa sbagliata del paragrafo successivo. In altri casi, la casella invariante è il risultato di una scelta mirata, di solito verificando gli effetti su una casella bersaglio con due soli candidati a partire dai due soli candidati di una casella iniziale non troppo distante.

In conclusione, possiamo dire che si tratta di una tecnica potenzialmente di uso frequente, ma praticamente di applicazione contenuta, soprattutto perché non si sa come maneggiarla e inizialmente si sospetta che non sia utile. Via via che si prende confidenza con la tecnica e ci si convince che spesso è la chiave di soluzione più rapida, automaticamente se ne incrementa l'impiego.

Nella letteratura specializzata la tecnica è di solito denominata *forced chain*.

Adottiamo la notazione

[INV (scelta certa): (alternative esaustive)].

Alcuni esempi ci aiuteranno a illustrare la tecnica e la notazione.

Esempio 1: in questo esempio si parte con 26 indizi e si giunge a una situazione di stallo con sole 36 caselle completate. Partendo dai candidati in h2 si osserva che

3h2 provoca 6b2, [<1,2>(b,c)3], e quindi 4i3;
6h2 provoca 6g7, 2i9 e di nuovo 4i3.

Quindi 4i3 può considerarsi una scelta definitiva [INV (4i3): (3,6)h2] e consente di completare lo schema.

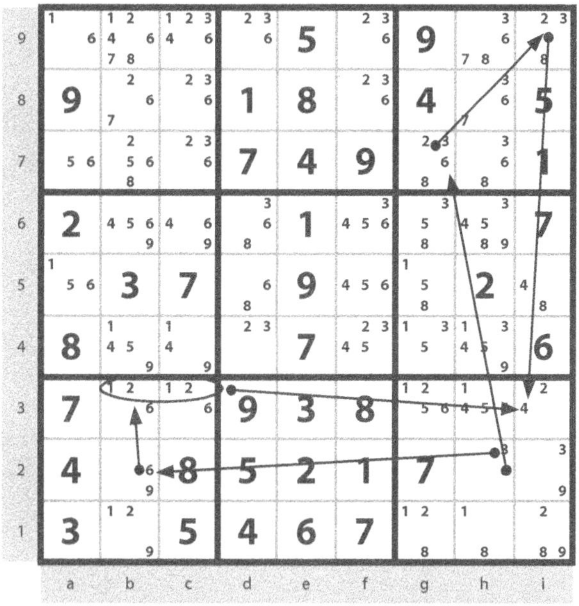

figura 42

Esempio 2: In questo esempio si può uscire dalla posizione di stallo apparente esaminando le opzioni del 3 in Q6. Infatti:

3h6 provoca immediatamente 6h2;
3i4 e 3i5 provocano 3b6, 3c2 e di nuovo 6h2.

In conclusione, 6h2 può essere considerata una scelta certa [INV (6h2): 3Q6] .

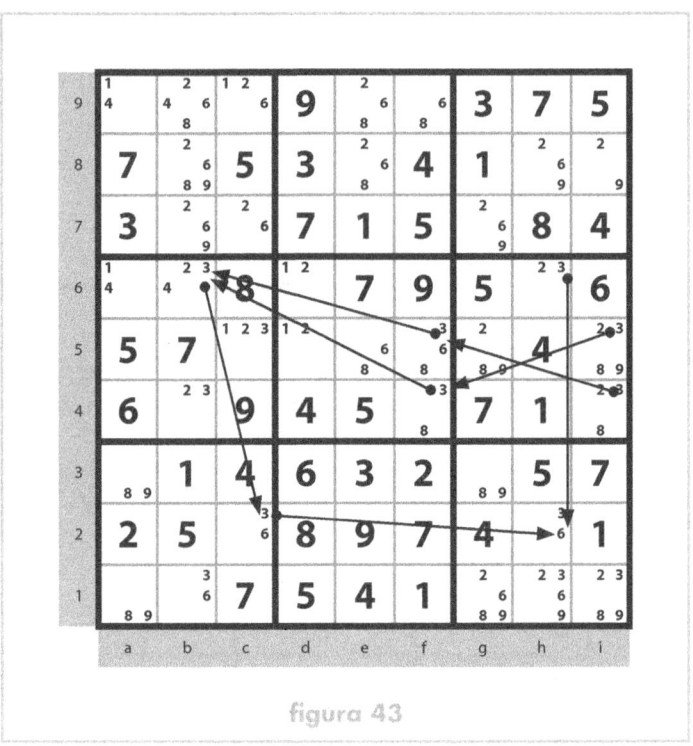

figura 43

Le tecniche di unicità

Le tecniche di *unicità* scaturiscono dalla convenzione iniziale che ogni schema di sudoku giocabile abbia una sola soluzione possibile.

Conseguentemente, possiamo escludere tutte quelle combinazioni di candidati che aprirebbero la strada a più soluzioni.

Il rettangolo impossibile

Il caso classico è illustrato in figura 44.

Si verifica quando su due righe in due riquadri diversi della stessa banda verticale compaiono due caselle contenenti gli stessi due candidati consolidati e le due caselle sono allineate sulle

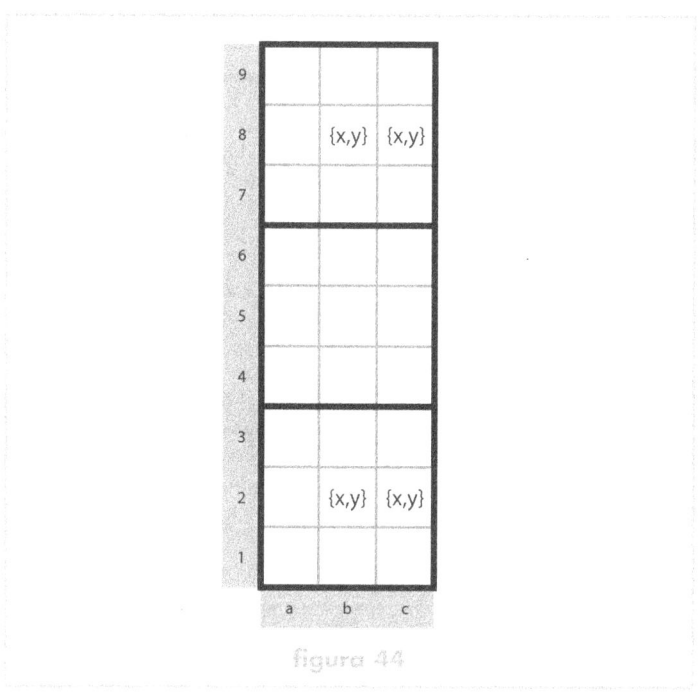

figura 44

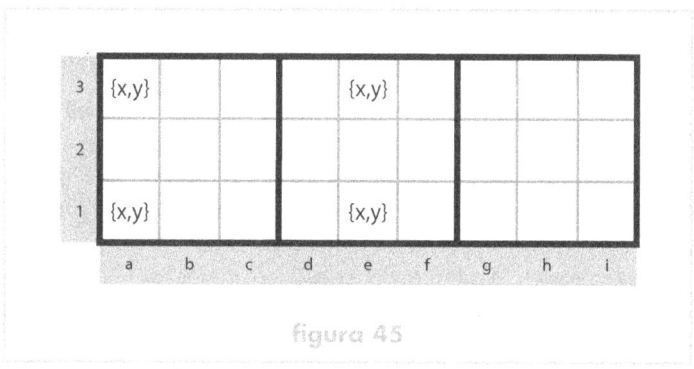

figura 45

stesse colonne, cioè in pratica le quattro caselle sono sistemate ai vertici di un rettangolo.

Come al solito, il ragionamento si può ripetere simmetricamente invertendo righe e colonne (fig. 45).

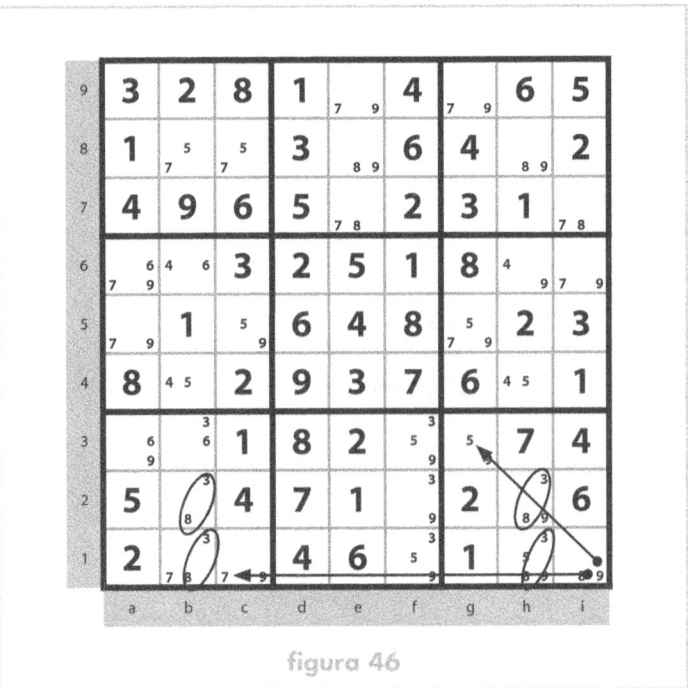

figura 46

È evidente che le quattro caselle sono isolabili dal resto dello schema e che, indipendentemente dai valori delle altre caselle, sono possibili due risultati di schema finale, con i simboli delle quattro caselle in esame incrociati in due modi diversi.

Quindi dobbiamo escludere qualsiasi candidato che generi uno scenario di questo genere o, alternativamente, dobbiamo scegliere quello specifico candidato che lo eviti.

Nell'esempio di figura 46 possiamo escludere 9i1 perché genererebbe un caso di unicità su <3,8> nei quadranti Q1 e Q3 [Notazione: NWMuni (9i1): <3,8> Q(1,3)].

Invece nell'esempio mostrato in figura 47 dobbiamo scegliere 9c6 per evitare l'unicità <2,8> in Q4, Q7 [Notazione: 9c6 (uni <2,8> Q(4,7))].

Si badi bene che lo scenario di unicità in esame (con le decisioni che ne conseguono) esiste soltanto se le caselle del rettangolo

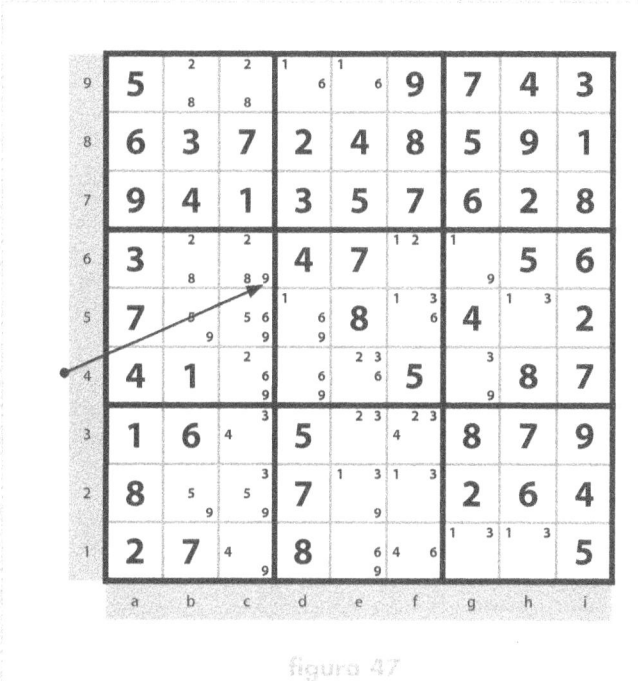

figura 47

stanno nella stessa banda verticale o orizzontale (all'interno di una banda le due alternative possono coesistere e generare una doppia soluzione).

In un esempio del tipo di figura 48 non si può fare alcuna considerazione, perché una delle due alternative (non sappiamo quale) è giusta e l'altra non porta ad alcuna soluzione, per cui lo scenario non genera una doppia soluzione (e non ci consente quindi di prendere alcuna decisione). Sorvoliamo sulla dimostrazione che è abbastanza intuitiva.

BUG (Bi-value Universal Grave)

Si tratta di un caso abbastanza raro, ma troppo divertente per non essere citato. Parte dalla considerazione che, se in finale di partita tutte le caselle ancora libere contenessero soltanto due candidati e ogni candidato comparisse soltanto due volte in ogni blocco (riga, colonna, riquadro), si avrebbe o una soluzione impossibile

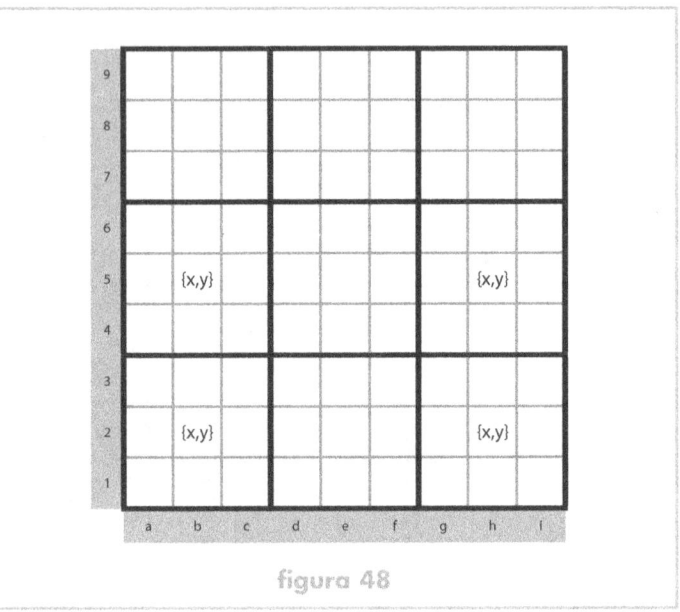

figura 48

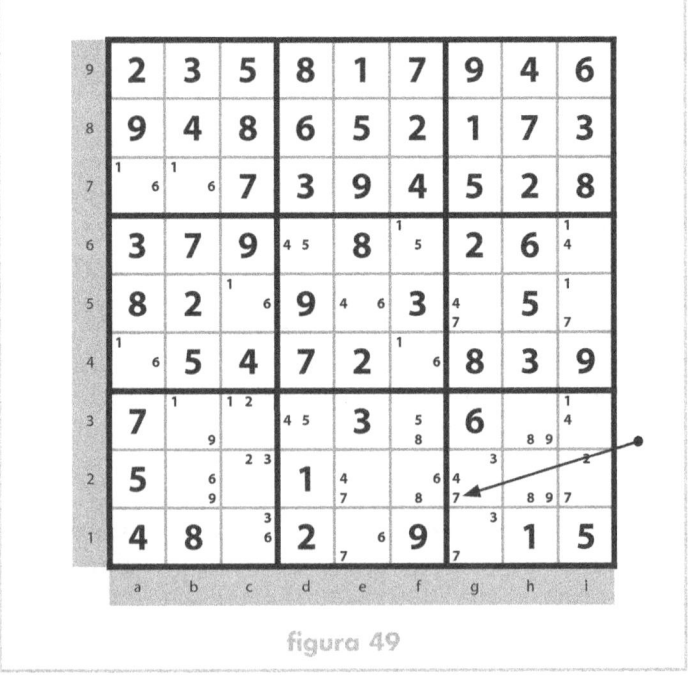

figura 49

oppure una doppia soluzione (cioè uno stallo perfetto). Se, infatti, fosse lecita una soluzione con uno dei due candidati di ogni casella, sarebbe lecita anche quella duale con l'altro candidato.
Quindi, se in finale abbiamo tutte caselle libere con due candidati, eccetto una con tre, il candidato da scegliere in quest'ultima sarà quello che evita lo stallo perfetto, cioè quello che compare tre volte o nella riga o nella colonna o nel riquadro.
Si veda un esempio in figura 49.

Per quanto detto prima, dobbiamo scegliere 7g2 [Notazione: 7g2 (uni BUG)]

Altri casi di unicità
Possiamo incontrare scenari più complessi di unicità da evitare, ma sono molto più rari e quindi ci limitiamo a indicare tre esempi generici (figg. 50, 51, 52), lasciando al lettore il compito di rifletterci su, se trova l'argomento affascinante.

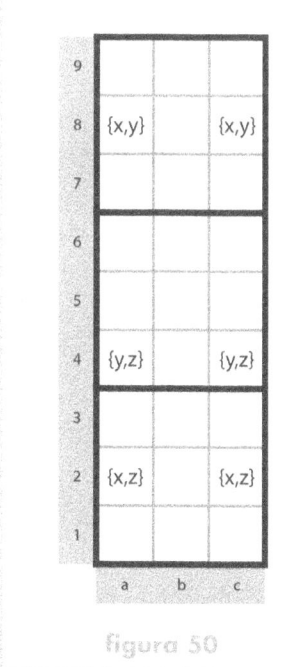

figura 50

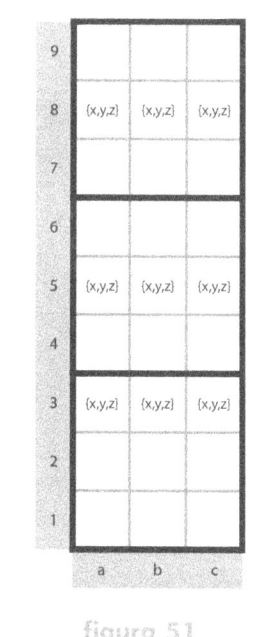

figura 51

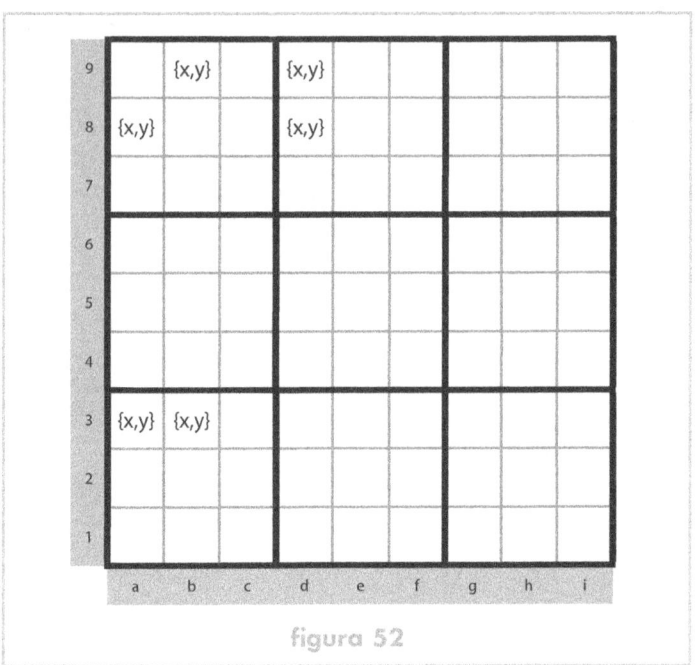

figura 52

Osservazioni conclusive
Le tecniche di unicità sono state riportate perché sono divertenti e in certi casi accelerano oggettivamente il processo di soluzione. Dobbiamo peraltro ricordare che non sono mai irrinunciabili, nel senso che è sempre possibile trovare una soluzione allo schema ricorrendo semplicemente alle tecniche precedenti.

Siccome si basano sulla convenzione di unicità della soluzione, che è appunto una convenzione editoriale e non una regola logica, sono criticate dai puristi di logica, ma sono accettate dalla maggioranza dei giocatori, anche esperti, per cui vi suggeriamo di usarle senza imbarazzo.

Rileviamo, infine, che può capitare di incappare in un contesto di unicità, mentre si percorrono catene di ricerca ipotizzando di applicare una delle tecniche precedenti, cioè non necessariamente come frutto di una ricerca esplicita di unicità.

Ecco un esempio. Si parte con 29 indizi e si sistemano facilmente 11 caselle ulteriori. Poi si effettuano alcune riduzioni di candidati per consolidamento e si giunge a una situazione di stallo.

Mentre si esaminano caselle con due candidati alla ricerca di una catena che consenta l'applicazione di una tecnica avanzata, si scopre che, qualora venisse scelto 2g8, si provocherebbe da una parte [<8,9>(h,i)9] e dall'altra, con tre passaggi, [<8,9> (h,i)2], cioè uno schema di unicità classico.

Partendo da NWMuni (2g8): <8,9> Q (3,9) e quindi optando per 5g8 si conclude rapidamente lo schema.

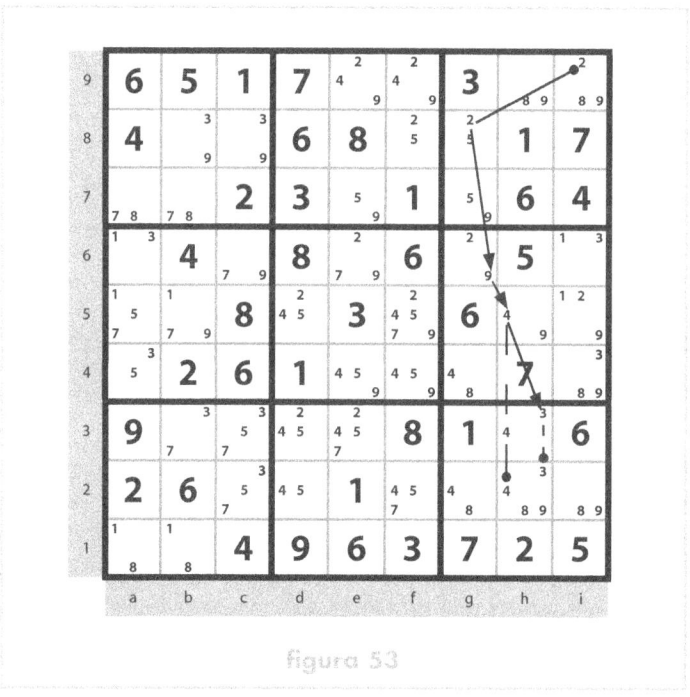

figura 53

In alternativa, potevamo scoprire che 5a4 provoca uno schema di unicità particolare, a tre livelli, <7,8> (a,b)7, <1,7> (a,b)5 e <1,8> (a,b)1, da cui la scelta 3a4, che ancora una volta ci permette di concludere.

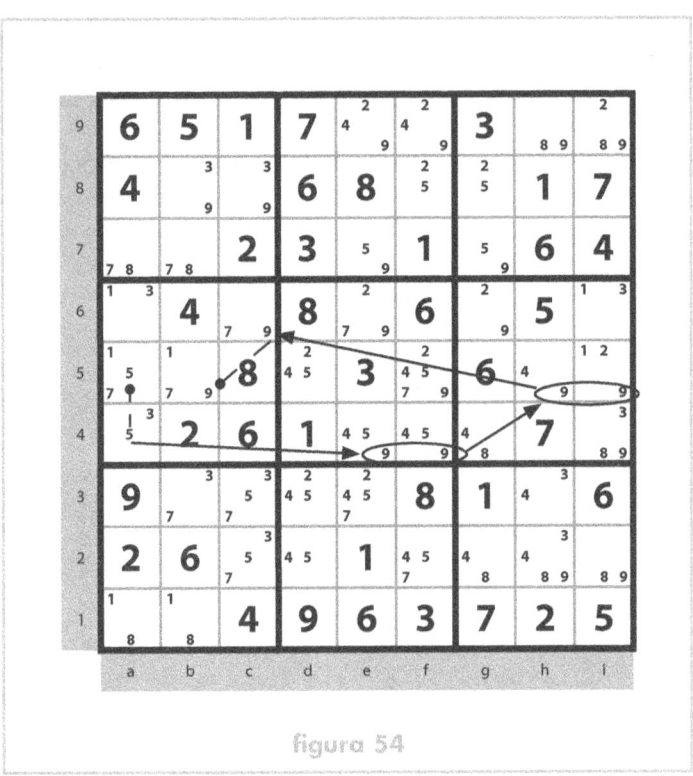

figura 54

Ripetizione successiva di tecniche avanzate di riduzione

In molti casi, con l'applicazione di una tecnica avanzata di riduzione in una situazione di stallo, si ottiene l'individuazione di un simbolo certo in una casella e a cascata si riesce a completare l'intero schema.

Ma esistono schemi complessi in cui la scoperta di un simbolo certo sblocca un sottoinsieme dell'area di stallo, arrestandosi però a una nuova condizione di stallo, ovviamente ridotta rispetto alla precedente. Si deve quindi applicare per una seconda (ed eventualmente per una terza e quarta) volta una tecnica di riduzione avanzata per procedere fino alla conclusione.

	a	b	c	d	e	f	g	h	i
9				6		4			
8		9	3		8		4		
7	1				3			8	7
6						5			
5		3				6	7		4
4	7	5		4			6		
3				2					
2	4		5	1				7	
1	9					7	8	1	

figura 55

Vediamo un esempio divertente (fig. 55). Le prima mosse sono abbastanza semplici:

> 3a3, 4h3, 4e1, 5h5, <7>(b,c)9, 7d8, 7e6, 6h8 (C), 6a6 (C), <2,6>(b,c)1, <1,7>(b,c)3, 8b2, 8f3, <2,5,9>(d,f,g)7

E si giunge alla prima situazione di stallo con 28+10 caselle definite (fig. 56).

A questo punto cominciamo ad analizzare lo schema per applicare una tecnica avanzata di riduzione e notiamo che, a partire dai 5 del riquadro Q8, viene sempre escluso 5g3 (fig 57), cosa che ci consente di proseguire con l'altro candidato 9g3.

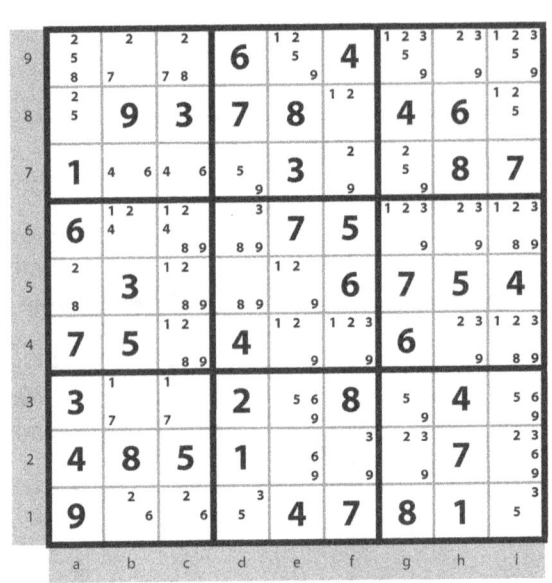

figura 56

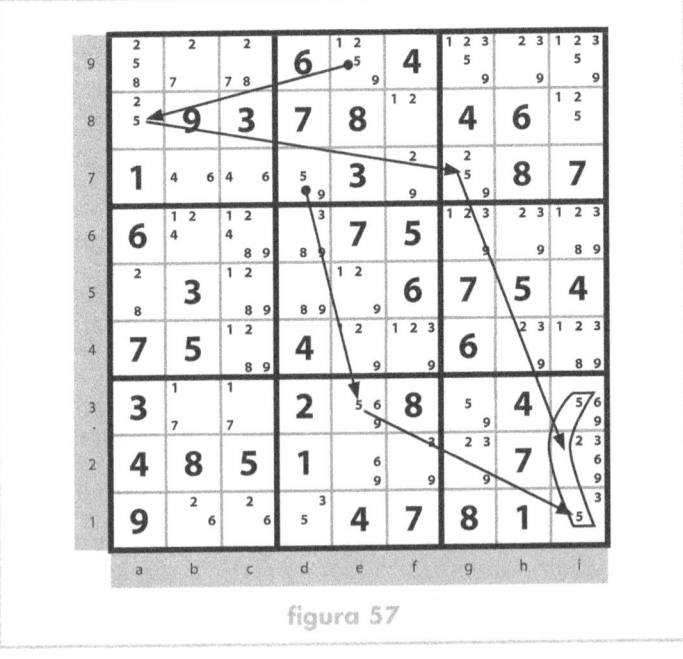

figura 57

Proseguiamo quindi con

ELI (5g3): 5Q7, 9g3, <5>i(1,3), 5a8, <2,7,8>(a,b,c)9, <9>(h,i)9, <2>f(7,8), <2>h(4,6)

e ci ritroviamo nella situazione seguente, di nuovo in stallo.

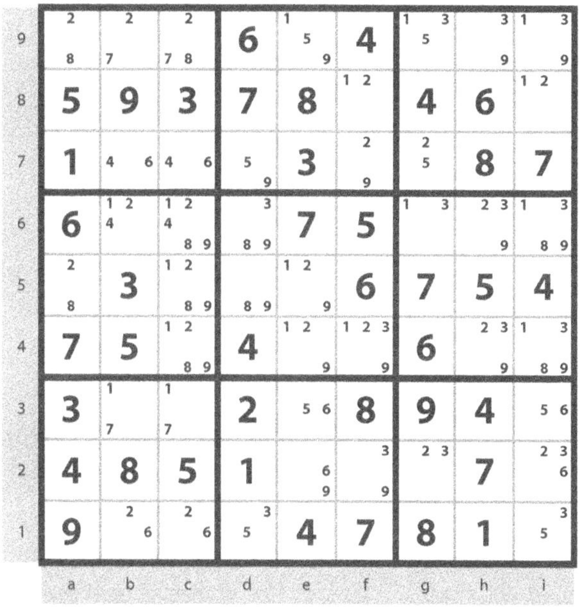

figura 58

Ora possiamo notare che, a partire dai 3 del riquadro Q2, troviamo sempre 1g6 (fig 59). Proseguiamo con

INV (1g6): 3Q2, 1b3, 7c3, 7b9

e siamo di nuovo in stallo con lo schema in figura 60.

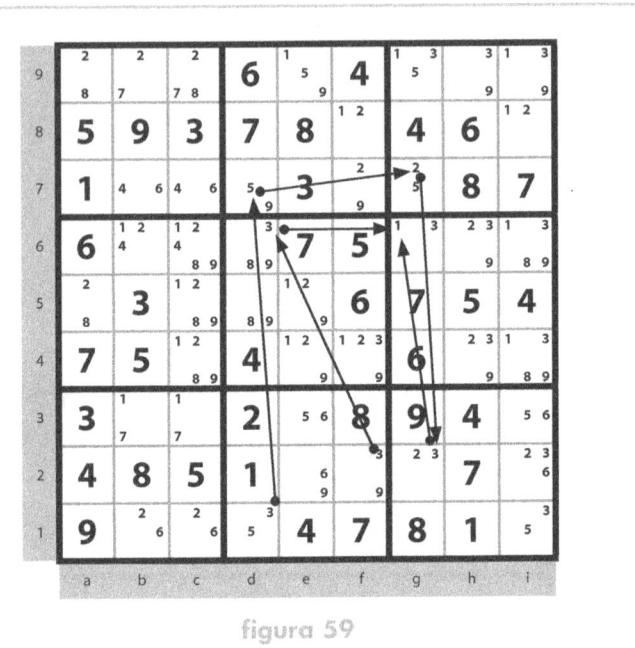

figura 59

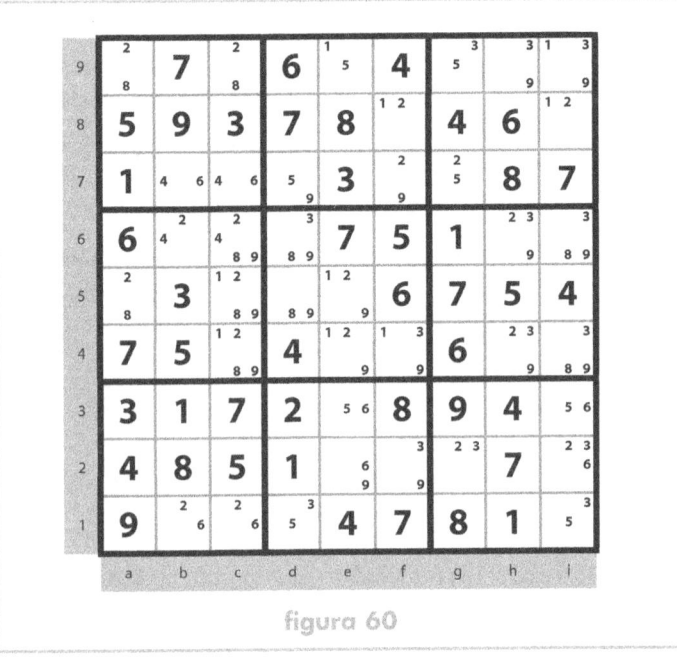

figura 60

Ma rileviamo che la scelta 9d5 eliminerebbe tutti i 9 dal riquadro
Q8 (fig. 61). Per cui possiamo proseguire con

NWM?Q (9d5): ?9Q8, 8d5, 2a5, 8a9, 2c9, 2e4, 2h6, 2b1, 6c1, 6b7,
4b6, 4c7

per ritrovarci ancora in stallo (fig. 62).
La prossima mossa è notare che 3d1 produce un 9 sia in f2 che
in f7 (fig. 63).
E possiamo ora concludere con

NWM!C (3d1): 9f(2,7), 5d1, 3i1, 3d6, 9d7, 3h4, 9h9, 3g9, 3f2, 5e9,
1i9, 1f8, 2i8, 2f7, 9f4, 1e5, 9c5, 5g7, 2g2, 1c4, 8c6, 9i6, 8i4, 6i2, 5i3,
6e3, 9e2 (fig. 64).

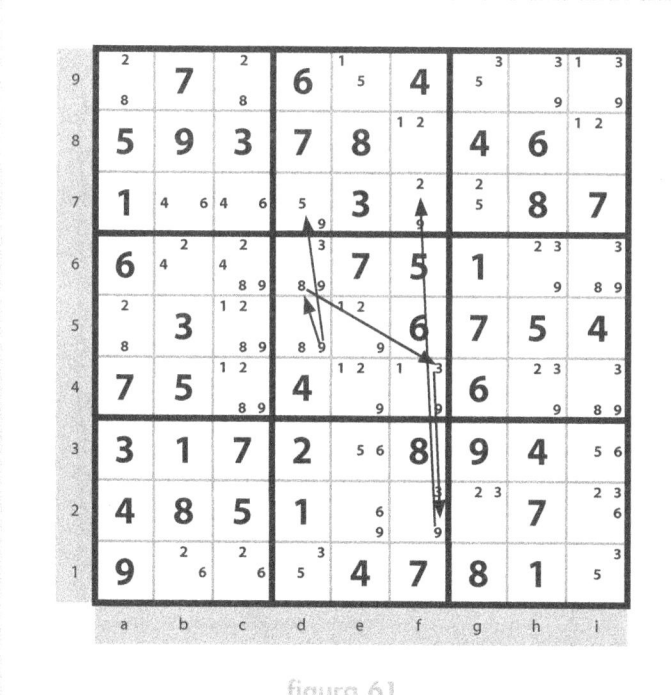

figura 61

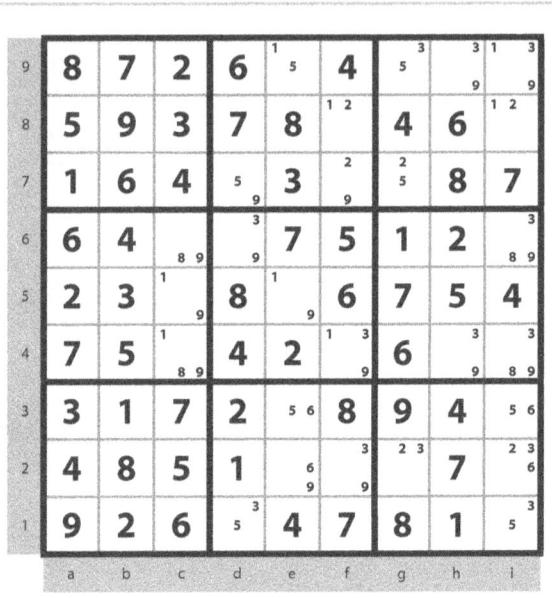

figura 62

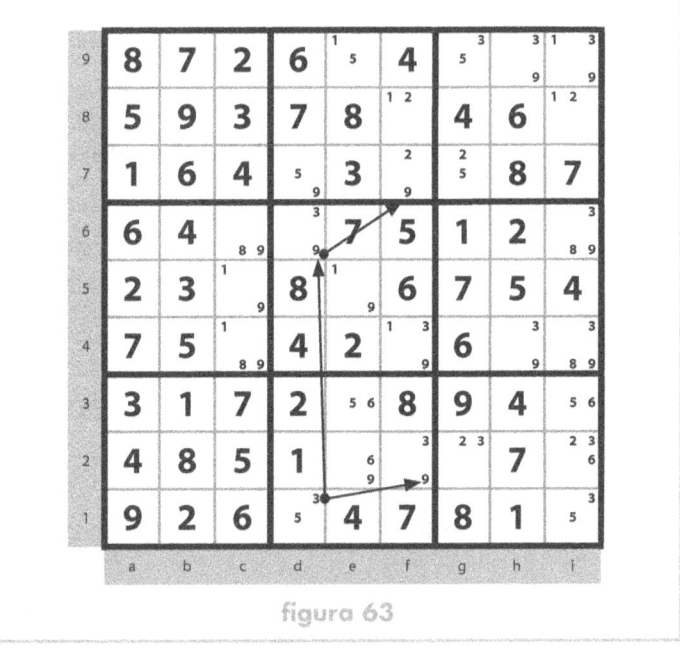

figura 63

	a	b	c	d	e	f	g	h	i
9	8	7	2	6	5	4	3	9	1
8	5	9	3	7	8	1	4	6	2
7	1	6	4	9	3	2	5	8	7
6	6	4	8	3	7	5	1	2	9
5	2	3	9	8	1	6	7	5	4
4	7	5	1	4	2	9	6	3	8
3	3	1	7	2	6	8	9	4	5
2	4	8	5	1	9	3	2	7	6
1	9	2	6	5	4	7	8	1	3

figura 64

Un secondo esempio complesso.

Si parte da uno schema con 28 indizi e dopo poche mosse ovvie si giunge alla situazione di figura 65.

Notiamo un congelamento in riga 3: <4,7,9> (b,c,e)3, da cui eliminiamo 4 e 9 in f3, 7 e 9 in h3 e muoviamo 7h1, per trovarci in una situazione di stallo (fig. 66).

Osservando g4, notiamo che entrambi i candidati generano un 5 in i1.

Dunque, la tecnica dell'invarianza ci conduce a

INV (5i1) : (5,9)g4

Partendo da 5i1, riusciamo a riempire alcune caselle fino ad una nuova situazione di stallo (fig. 67).

Questa volta il passo risolutore è notare che 9f6 genera una situazione contraddittoria in a9: un cammino genera un 4 ed un altro cammino genera un 7.

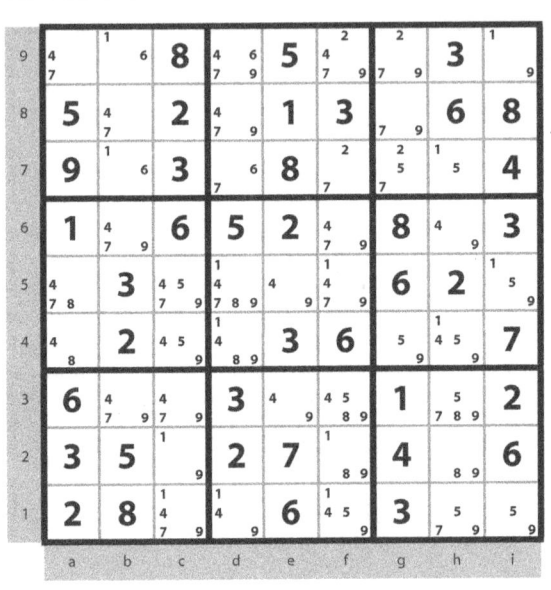

figura 65

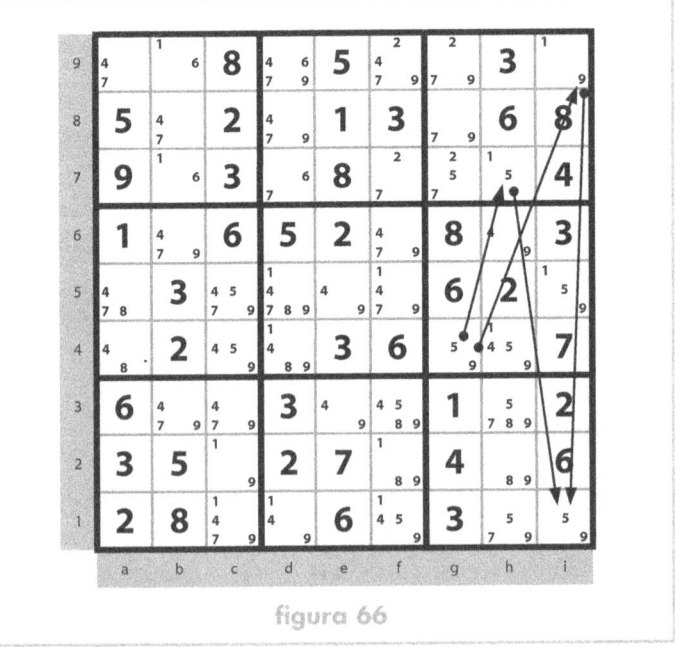

figura 66

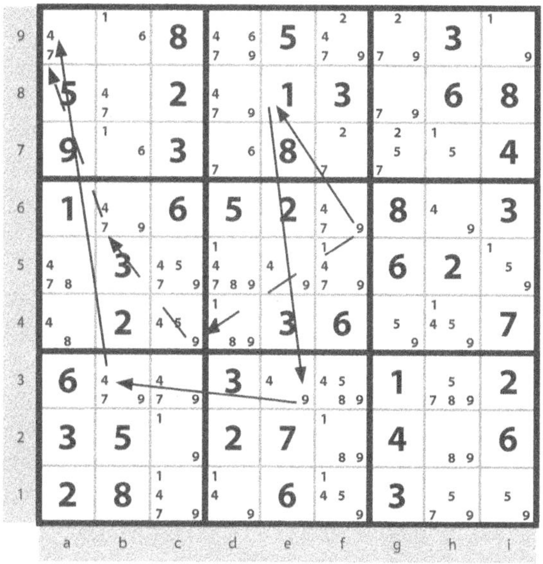

figura 67

Dunque, possiamo dire

NWM!K (9f6) : (4,7)a9

Partendo da 7f6, adesso possiamo concludere lo schema.

Considerazioni conclusive sulle tecniche di riduzione

È giunto il momento di tirare le somme sulle tecniche di riduzione dei candidati, di cui abbiamo avuto modo di fare ampia conoscenza nei capitoli precedenti.

Speriamo di essere riusciti a trasmettere il messaggio che è sempre possibile risolvere uno schema di sudoku classico (cioè un 9x9) con tecniche di riduzione senza far ricorso all'approccio per tentativi alla cieca, o per dirla in altri termini, usando successioni di decisione certe.

Abbiamo potuto osservare che esistono parecchie tecniche di riduzione a disposizione del giocatore e che in certi casi è necessario applicarle in sequenza per arrivare alla conclusione.

Purtroppo, non è immediatamente evidente comprendere qual è la tecnica migliore per ogni caso specifico. Possiamo anticipare che con l'esperienza si riducono i tempi di ricerca e si riconoscono istintivamente i punti d'attacco migliori per cercare la prossima mossa sbagliata.

Se vi fermate un momento a riflettere sull'argomento, vi accorgerete che esiste sempre un ampio numero di punti d'attacco, cioè di possibili mosse sbagliate. Se siete in una posizione di stallo apparente, ogni casella contiene almeno due candidati, ma molte ne contengono tre, quattro e magari cinque. Siccome un solo candidato per casella è giusto, il numero di mosse sbagliate è sempre superiore al numero di mosse giuste. Non avete che l'imbarazzo della scelta. Ma è un imbarazzo giustificato.

Infatti, fra tutte le possibili mosse sbagliate, si deve cercare quella che genera una incoerenza riscontrabile dopo il minor numero di passi possibili, quando si riescono ancora a individuare e registrare mnemonicamente i valori di selezione dei candidati come ricaduta della scelta iniziale. Non ostinatevi a cercare di applicare una tecnica unica; non innamoratevi di un punto di attacco che sembra promettente. Avete molte alternative. Provate una tecnica diversa o un punto di attacco diverso. Se un'alternativa sembra innescare una sequenza molto lunga di candidati possibili, probabilmente è la scelta giusta. Non proseguite. Abbandonatela e analizzate l'altra alternativa. Dovete cercare la scelta sbagliata per scartarla, o trovare occasioni di eliminazione e invarianza.

Vedrete che anche la tecnica dell'esclusione e quella dell'invarianza sono spesso applicabili. Meno frequenti, ma più facile da individuarsi sono le tecniche di unicità.

Se siete curiosi e volete migliorare in modo sistematico, esiste un ottimo esercizio: prendete uno schema non giocabile di difficoltà media o alta, risolvetelo con una delle tecniche apprese, poi con lo schema di risoluzione sotto gli occhi provate a cercare altre mosse sbagliate, o altre condizioni di invarianza, o di esclusione. Potrete verificare che quasi sempre troverete soluzioni alternative, eventualmente più brillanti. Con questo esercizio aumenterete la vostra capacità di intuire più in fretta la tecnica e il punto di attacco migliori.

Vi sarà certamente chiara a questo punto della trattazione l'importanza di segnare i candidati sempre nelle stesse posizioni di casella. Non sarebbe possibile lavorare sui candidati se li segnaste in modo disordinato dentro le caselle, via via che li incontrate. Con un po' di esercizio non è più nemmeno necessario scrivere il numerino del simbolo del candidato, ma basta fare un puntino nella posizione propria del candidato, che è unica per ogni simbolo. *Sudocue* vi offre questa opzione.

Consigliamo anche, quando si parte da una posizione di stallo apparente con tutti i candidati esposti e si cominciano a individuare i prossimi valori certi di casella, di non cancellare i candidati di casella per sostituirli con il valore certo, ma semplicemente di cerchiare il candidato nella casella che rappresenta il valore certo. Si procede molto più rapidamente verso la conclusione e resta traccia della situazione di stallo per eventuali considerazioni successive (o per ripartire da una "fotografia" dello stallo apparente in caso di errore successivo).

È buona norma invece aggiungere accanto allo schema risolto, quando si applica una tecnica di riduzione avanzata, la notazione della tecnica adottata, per poter in seguito discutere con gli amici o rivangare un esercizio risolto o rianalizzare un caso alla ricerca di una tecnica migliore.

I percorsi e i circuiti

Una volta assimilate le diverse tecniche di riduzione dei candidati esposte nei capitoli precedenti si è pronti ad affrontare qualsiasi schema con la ragionevole convinzione di poterlo risolvere senza ricorrere a tentativi. Potremmo dire che avete con voi una cassetta di attrezzi che vi consente di effettuare qualsiasi riparazione. Il problema è individuare dove si trova il guasto nei casi complessi di situazione di stallo apparente, o uscendo da metafora fiutare opportuni punti di partenza per applicare le tecniche stesse per coglierne gli effetti dopo pochi passi in modo da poter sostenere lo sforzo mnemonico necessario.

Vale dunque la pena di spendere qualche parola ulteriore sulle configurazioni dei candidati. Partiamo dalle configurazioni di singoli simboli.

Il caso più semplice è il seguente.

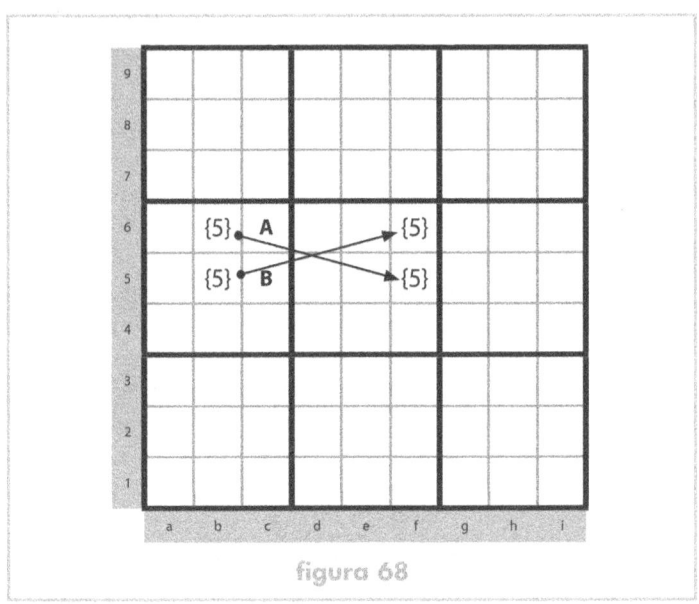

figura 68

Non possiamo dire nulla: abbiamo due alternative finali (A o B) entrambe valide. Eventualmente dobbiamo registrare mentalmente queste configurazioni per verificare più tardi l'applicabilità della tecnica di unicità.

Il caso successivo (fig. 69) è del tipo in molte varianti possibili, ma sempre articolato su tre riquadri non allineati, con il riquadro intermedio che fa da snodo con due candidati non allineati (nel migliore dei casi) o tre sistemati a squadra o quattro ai vertici di un quadrilatero ideale (nel peggiore dei casi, perché aumentano le combinazioni possibili). Anche in questi casi non possiamo fare nessuna ipotesi.

Possiamo procedere a casi più articolati con quattro o cinque riquadri coinvolti, avendo sempre i riquadri intermedi con una funzione di snodo e i riquadri terminali che fanno da tappo, presentando solo una coppia di candidati allineati sulla stessa riga o colonna.

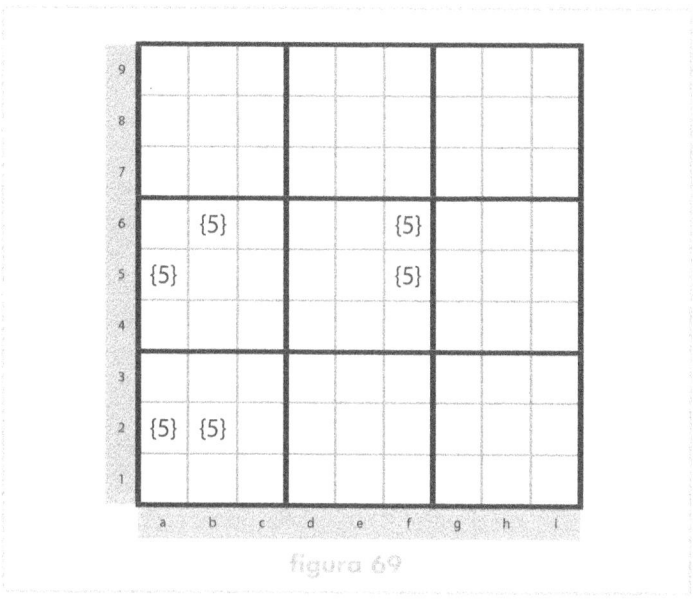

figura 69

Chiamiamo tutte queste configurazioni *percorsi* e confermiamo che sui percorsi esaminati a sé stanti abbiamo poche osservazioni da fare e comunque nessuna che porti a una riduzione immediata di candidati. In generale, possiamo dire che individuando i percorsi dei candidati di un simbolo esauriamo la storia di quel simbolo e dirigiamo la nostra attenzione altrove. Dunque, anche in corso di sviluppo di uno schema, quando ancora non sappiamo se andiamo incontro a una situazione di stallo, oppure no, e quando è valido il suggerimento di inserire candidati solo per riquadro e solo se sono due, oppure tre purché allineati, possiamo aggiungere che la situazione non peggiora inserendo tre candidati disposti a squadra quando costituiscono lo snodo intermedio di un percorso. Un percorso ha anche la caratteristica, soprattutto se gli snodi hanno solo due candidati non allineati, di ricordarci che l'individuazione di una posizione certa del simbolo del percorso in un riquadro si ripercuote automaticamente in altri riquadri ed eventualmente esaurisce il percorso del simbolo. Questa caratteristica risulta utile quando, in casi molto complessi, siamo costretti a esaminare contesti di interferenza di percorsi di simboli diversi per cercare una situazione NWM.

Oltre ai percorsi, abbiamo moltissime altre configurazioni possibili di candidati, caratterizzate dall'assenza totale o parziale di tappi. Un esempio semplice è già stato oggetto di riflessione nel paragrafo della tecnica NWM. Definiamo *circuito* questo caso, e tutti gli altri più complessi che non siano percorsi.

A differenza dei percorsi, sui circuiti è spesso possibile applicare la tecnica di esclusione o tecniche NWM per ridurre i candidati ed eventualmente arrivare a soluzione. Dunque, mentre risolvete uno schema e avete la sensazione di aver esaurito la possibilità di applicare tecniche di consolidamento o di congelamento anticipato, e dunque vi accingete a inserire tutti i candidati in tutte le caselle, invece di procedere per riquadro a completare l'inserimento, procedete per simbolo in tutti i riquadri e analizzate singolarmente i casi di circuito che si presentano. Spesso riuscite a effettuare riduzioni di candidati che, al termine del processo di inserimento, vi presentano caselle con un solo candidato possibile e vi portano alla soluzione dello schema.

Se vi succedesse di accorgervi di una riduzione di candidato in un circuito mentre state inserendo il candidato stesso, non fatevi tentare dal rinunciare a scriverlo: scrivetelo e sbarratelo con una *x*, per ricordarvi che avete operato una riduzione quando voleste ricostruire a posteriori la soluzione dello schema, ma soprattutto per evitare di dimenticarvi della riduzione e di aggiungere più tardi in corso di partita quel candidato pensando di averlo erroneamente trascurato.

Seguendo i suggerimenti proposti per i circuiti monosimbolo, riuscirete a evitare certe situazioni di stallo apparente e ad arrivare direttamente alla conclusione. Tuttavia, esistono molte situazioni complesse in cui comunque si arriva a una situazione di stallo apparente. In tali circostanze resta soltanto lo spazio di analizzare le possibili interferenze fra percorsi e circuiti monosimbolo per individuare invarianze o situazioni impossibili. Tutti gli esempi di soluzione descritti confermano questa affermazione. Il problema consiste dunque nell'individuare, fra gli innumerevoli disponibili, un circuito plurisimbolo (cioè un circuito di interferenza) con opzioni limitate, in cui si possa verificare che una determinata assunzione in una casella del circuito porta a una situazione non accettabile in qualche altro punto o nel punto stesso. Non è semplice individuare il circuito perché in certi casi abbiamo troppe opzioni aperte e quindi non riusciamo a trarre conclusioni, e in altri casi il circuito è troppo articolato e non riusciamo a seguirlo mnemonicamente. È interessante notare che l'approccio più formalizzato di ricerca di algoritmi, seguito dai solutori che usano l'elaboratore elettronico, sfocia alla fine nella ricerca di catene (*chains*) di successiva complessità, che ricalcano esattamente i circuiti di cui parliamo in questo paragrafo.

Non deve stupirci il fatto che in casi complessi si debbano analizzare circuiti di interferenza. In fondo ogni schema di sudoku nasce dall'incastro di nove configurazioni (una per simbolo) di nove simboli (uno per riquadro) che rispettano la regola fondamentale di non accavallarsi su righe e colonne. Quando siamo in una situazione di stallo apparente, per ogni configurazione di simbolo abbiamo alcune caselle certe (indizi o caselle risolte) e varie opzioni per quelle rimanenti segnalate dai candidati. Solo una configurazione di candidati, per ogni simbolo non completato, consente l'incastro finale senza interferenze di configurazioni lecite. Dunque, dobbiamo aprirci la strada verso la soluzione scartando quelle interferenze insostenibili o individuando posizioni invarianti.

Strategia conclusiva di gioco

Riprendiamo alcuni concetti che abbiamo gà esposto in capitoli precedenti via via che la trattazione avanzava e li completiamo con osservazioni conclusive per dare un riepilogo di strategia di gioco a un giocatore esperto.

Si parte sempre applicando la strategia di base illustrata inizialmente con la ricerca, nell'ordine, dell'unica casella di riquadro possibile per un certo simbolo, poi di riga e colonna per i simboli mancanti e infine dell'unico simbolo di casella.

Mentre si eseguono queste ricerche, si annotano candidati a coppie per riquadro e si cercano e registrano subito esclusioni o congelamenti di caselle, traendone le dovute conseguenze.

Una volta esaurite le possibilità di procedere con le tecniche precedenti, si cominciano a inserire candidati di scenari complessi, soprattutto a circuito chiuso, e si eseguono considerazioni per tecniche di eliminazione o di prossima mossa sbagliata.

Infine, si completa lo schema con i candidati di simboli a percorso aperto o di candidati onnipresenti (sono i più fastidiosi, perché addensano lo schema riducendo la visuale e apparentemente non portano nessun contributo positivo). Una volta inseriti tutti i candidati si cerca di applicare la tecnica del congelamento per scenari più complessi di quelli che si sarebbero potuti individuare durante le fasi intermedie di inserimento dei candidati. Non si rinunci subito alla ricerca di triplette o quadruplette nascoste. Ricordiamo per esempio che la scuola giapponese è ricca di sotterfugi di soluzione sofisticati che non richiedono tecniche avanzate dopo uno stallo apparente.

Qualora si giunga inequivocabilmente a uno stallo apparente, non ci si fa prendere dal panico e ci si avventura nel mondo delle tecniche avanzate di riduzione di candidati (eliminazione, invarianza, mossa sbagliata, unicità) preparati anche al caso di doverle applicare più volte in successione.

Al termine ci si rilassa con il piacere di una prova impegnativa ancora una volta superata.

I livelli di difficoltà

Il problema di definire il livello di difficoltà di uno schema proposto è molto sentito. Infatti è consuetudine di ogni rivista, quotidiano, libro o prodotto software che offra schemi di gioco ai propri lettori, attribuire una qualche misura di difficoltà a ogni schema presentato. Purtroppo, però, non esiste nessuna consuetudine condivisa nel definire questa misura.

Se è naturale aspettarsi che uno schema "diabolico" sia oggettivamente più complesso di uno "difficile" all'interno della stessa pubblicazione, può facilmente succedere che uno schema presentato come "diabolico" in una pubblicazione (è il caso della maggioranza dei quotidiani, che non presentano mai casi con stallo apparente) sia altrove considerato di "moderata" difficoltà (perché vengono presi in considerazione casi di stallo semplice, complesso e multiplo).

La maggioranza dei prodotti software valutano i livelli di difficoltà in funzione delle tecniche ritenute necessarie per risolverli. Ma anche in questo caso il margine di arbitrarietà è molto ampio, perché non esiste una metrica oggettiva di complessità relativa tra le tecniche adottate (ricordiamo che sono molte decine) e il punto di vista di uno sviluppatore di software non coincide certamente con quello di un giocatore con carta e penna, ma non coincide necessariamente nemmeno con quello di un altro sviluppatore.

Possiamo concludere che per il momento ogni metrica adottata dà un'indicazione utile soltanto nel contesto editoriale in cui è ripetutamente applicata. Il suggerimento è di testare subito un esempio del massimo livello di difficoltà per comprendere quanto avanti si spinge lo specifico editore nel proporre schemi veramente complessi, e quindi riferirsi alla suddivisione in livelli adottata per decidere su quale livello posizionarsi in funzione delle proprie capacità di risoluzione e dello stimolo competitivo che si desidera provare.

Di solito, la classificazione è su tre livelli (facile, medio, difficile) o cinque livelli (molto facile, facile, medio, difficile, molto difficile o diabolico). In *Sudocue*, il prodotto software cui spesso facciamo riferimento, i livelli sono *Easy, Moderate, Tough, Hard, Unfair* (in funzione delle tecniche adottate).

Se dovessimo proporre una scala di misura in funzione delle tecniche esposte in questo libro, potremmo suggerire questa classificazione su 5 livelli:
- *facile*: la prima e la seconda regola di base (l'unica casella per un simbolo in un riquadro; l'unica casella per un simbolo in una riga e colonna);
- *medio*: le tre regole di base, la riduzione per esclusione di base, la riduzione per congelamento esplicita;
- *difficile*: limitata applicazione della prima regola di base, applicazione forzata della terza regola di base, applicazione della tecnica X-Wing e relativa famiglia, applicazione non esplicita della tecnica di congelamento;
- *molto difficile*: necessario ricorso a tecniche di eliminazione, invarianza, NWM monosimbolo;
- *diabolico*: necessario ricorso a circuiti plurisimbolo e/o ad applicazioni ripetute di tecniche avanzate

Potrebbe nascere un legittimo sospetto che la complessità di uno schema sia influenzata dal numero di indizi di partenza. Questa ipotesi è da scartare. Se si esaminano gli schemi con 17 indizi (numero minimo ammissibile, come detto in appendice 2, sistematicamente raccolti in un sito citato in appendice 5) se ne trovano di ogni livello di difficoltà.

Piuttosto, vale la pena di contare quante caselle vuote si incontrano, quando si raggiunge la prima situazione di stallo apparente. Anche qui non troverete una correlazione precisa con il livello di difficoltà, ma c'è, se non altro, un importante effetto psicologico. Se entrate in stallo con 30 caselle libere o meno, venite presi dal panico, perché vi trovate di fronte uno schema zeppo di candidati. A volte si risolve con una sola tecnica avanzata; altre volte dovete applicarne più d'una in successione. Da 30 a 40 siete preoccupati. Oltre i 40 vi sentirete confidenti della vostra esperienza per arrivare rapidamente alla conclusione. Il più difficile sudoku conosciuto oggi, di cui parleremo più oltre, parte da una situazione di stallo con 21 candidati!!

Recentemente, con lo sviluppo di tecniche basate sulla costruzione di circuiti, ci si è resi conto che un elemento che influisce sul livello di difficoltà, più della tecnica adottata, è la lunghezza della catena necessaria per trovare una via d'uscita. Potrebbe valer la pena consultare a questo proposito il libro di Denis Berthier citato in bibliografia (molto bello, ma di difficile lettura, perché scritto in linguaggio molto tecnico). Nel sottoinsieme di tecniche avanzate, proposte nel libro che state leggendo, il concetto di distanza è fondamentale perché un giocatore umano non può spingere una catena di decisioni troppo lontano da un punto di partenza. Quello che si sostiene è che è normalmente sempre possibile trovare un buon punto di partenza per arrivare a una decisione di scelta o scarto di un candidato senza allontanarsi troppo dal punto di partenza stesso. L'aspetto stimolante della ricerca della soluzione è trovare il giusto punto di partenza.

Per gli sviluppatori di software specializzato l'aspetto stimolante è trovare algoritmi di soluzione eleganti che evitino il ricorso alla tecnica di forza bruta.

Resta aperta una domanda fondamentale e cioè quanto può essere difficile uno schema classico 9x9 a soluzione unica. Nel caso peggiore, può essere irresolubile?

La risposta è negativa. Comunque, si riesce a risolvere. Con un elaboratore in meno di un secondo, se si usa un desktop, cioè un elaboratore di modeste prestazioni. A mano, probabilmente in un paio di ore, se lo schema è molto complesso, ma si è ben organizzati. La tecnica per il peggiore dei casi è nota, ed è noiosa, ma efficace. Viene definita abitualmente *forza bruta*.

Si parte da una casella con pochi candidati, si prova con il primo e se ne applicano le conseguenze in termini di riduzione. Se non si riesce a concludere, si prosegue con una seconda casella con pochi candidati tra quelle restanti; si parte dal primo; se ne applicano le conseguenze in termini di riduzione. E si procede così finché lo schema non è concluso o non si incontra una inconguenza. Se si incontra un'incongruenza, si riparte dalla casella di scelta dell'ultimo livello con la seconda alternativa, finchè non si esauriscono le alternative. A quel punto si risale indietro di un livello con la successiva alternativa nella casella di scelta e si prosegue così finchè non si risolve lo schema. In fondo, una delle alternative del primo livello era certamente giusta e così una del secondo livello, una del terzo, fino all'ultimo.

Naturalmente, meno livelli percorriamo, più in fretta si giunge alla soluzione. E così pure, prima individuiamo l'opzione giusta fra le alternative, prima arriviamo alla soluzione. Quindi, anche nell'applicare la forza bruta, si può cercare di ottimizzare il processo.

Potremmo allora chiederci quanti livelli di approfondimento al massimo è necessario raggiungere nel peggiore dei casi. Qui non abbiamo risposta. Si sta riflettendo sul tema. La speranza è di poter dire uno solo, perché ciò significherebbe trovare un sistema di soluzioni formalizzate che evitino la forza bruta, cioè la scelta casuale multilivello. Nel frattempo ci si accontenterebbe di una scelta mirata monolivello, pur in mancanza di algoritmi formalizzati (ma ovviamente in vista di definirli). Se si resta a un livello c'è lo spazio di trovare algoritmi formalizzati. A proposito della ragionevolezza sulla speranza di trovare una soluzione chiusa per uno schema a soluzione unica, che esclude che il sudoku a soluzione unica sia un problema NP completo, vi invitiamo anche a leggere l'appendice sui quesiti matematici.

Di conseguenza si cercano schemi sempre più "difficili", si prova a "misurarli" e si cercano strade per risolverli, per esempio, con meno livelli di approfondimento e con nuove tecniche formali.

Questo sforzo viene compiuto da appassionati che hanno tutti la caratteristica di apprezzare il gioco del sudoku e di avere una cultura informatica. Se siete interessati a entrare in quell'ambiente, un buon punto di partenza è il forum http://www.sudoku.com/boards/viewtopic.php?p=42939#42939.

Si tratta di un approccio di tipo euristico. Forse, una risposta definitiva verrà data quando un matematico professionista troverà una risposta formale al fatto che apparentemente non si possono avere schemi a soluzioni unica con meno di 17 indizi. La risposta strutturata a questa evidenza non dimostrata potrebbe implicitamente contenere la chiave di una soluzione algoritmica che eviti la forza bruta. Staremo a vedere.

Ma è chiaro che quel tipo di ricerca interessa gli studiosi attratti dai problemi complessi. Un giocatore normale di sudoku trova l'approccio della forza bruta estremamente noioso. Nessuna rivista propone schemi di questo genere. Molte riviste e tutti i quotidiani evitano persino schemi con la situazione di stallo apparente che abbiamo imparato ad affrontare. Persino nei campionati del mondo vengono evitati gli schemi a stallo apparente (almeno per il momento).

La buona notizia è che gli schemi veramente difficili (cioè che richiedono a oggi la forza bruta) sono percentualmente pochi: sembrerebbe meno dell'1%. Per questo vi abbiamo detto che con un'intelligente applicazione delle tecniche insegnate in questo libro potrete risolvere la totalità degli schemi che troverete pubblicati nelle riviste specializzate.

Comunque, dopo questa lunga conversazione, ci sembra doveroso presentarvi alcuni schemi impossibili.

Nel 2006 lo scettro spettava allo schema presentato dal professore finlandese Arto Inkala e da lui battezzato *Al Escargot* (fig. 78 a pagina 98) la cui soluzione è data in figura 71.

A tal proposito si può sia consultare il sito del prof. Inkala sia leggere il suo libro edito da Lulu, oppure entrare nel forum http://www.sudoku.com/boards/viewtopic.php?t=5032.

In aprile 2007 è stato presentato da JPF un mostro molto più complesso, soprannominato Easter Monster, che qui presentiamo (fig. 72 a pagina 99) con la relativa soluzione (fig. 73).

Mentre completiamo questo libro (marzo 2008) il sudoku più difficile sembrerebbe essere il cosiddetto Qassim Hamza (non conosciamo le origini del nome) mostrato in figura 74 a pagina 100, la cui soluzione è illustrata nella figura 75 (per tutti i passaggi andare a http://solveanysudoku.com).

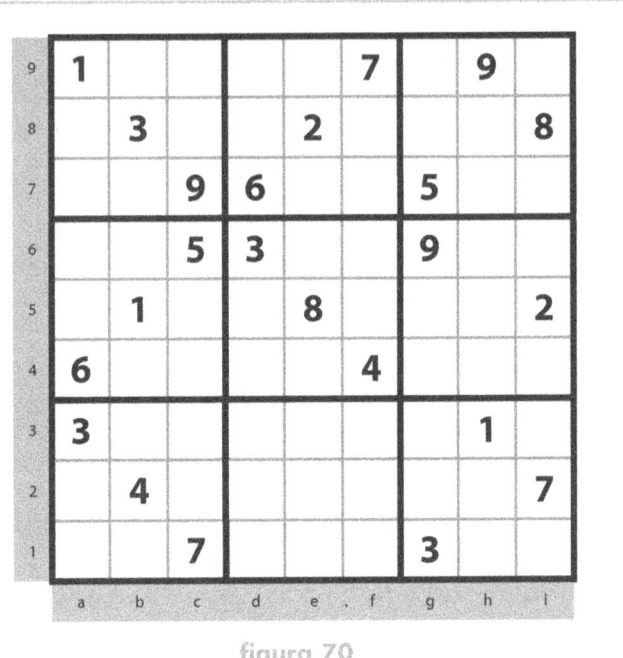

figura 70

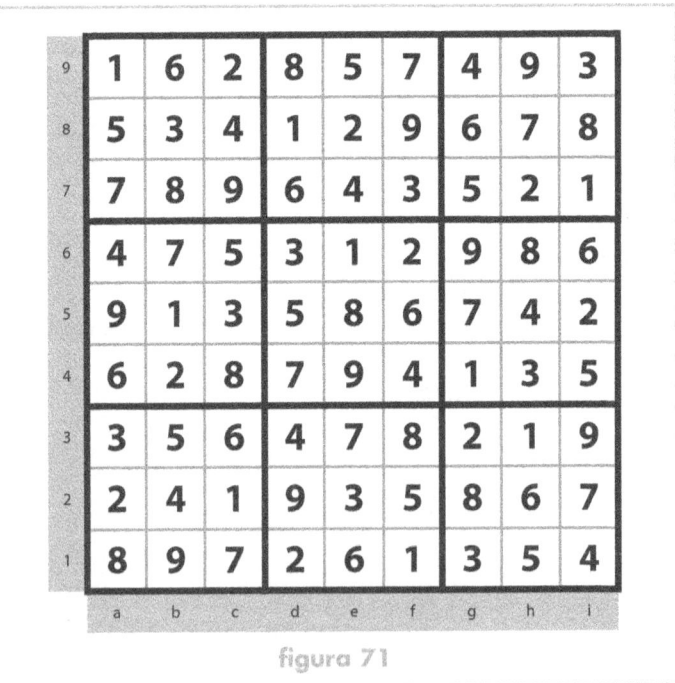

figura 71

figura 72

	a	b	c	d	e	f	g	h	i
9	1								2
8		9		4				5	
7			6				7		
6		5		9		3			
5					7				
4				8	5			4	
3	7						6		
2		3				9		8	
1			2						1

figura 73

	a	b	c	d	e	f	g	h	i
9	1	7	4	3	8	5	9	6	2
8	2	9	3	4	6	7	1	5	8
7	5	8	6	1	9	2	7	3	4
6	4	5	1	9	2	3	8	7	6
5	9	2	8	6	7	4	3	1	5
4	3	6	7	8	5	1	2	4	9
3	7	1	9	5	4	8	6	2	3
2	6	3	5	2	1	9	4	8	7
1	8	4	2	7	3	6	5	9	1

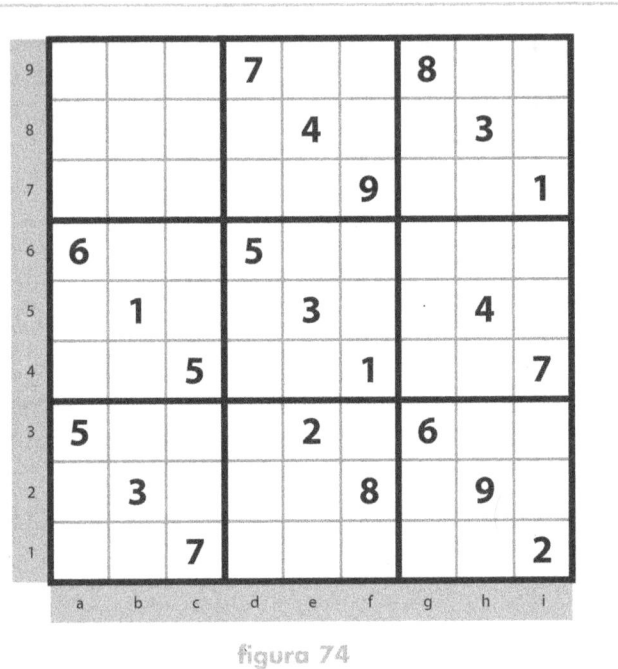
figura 74

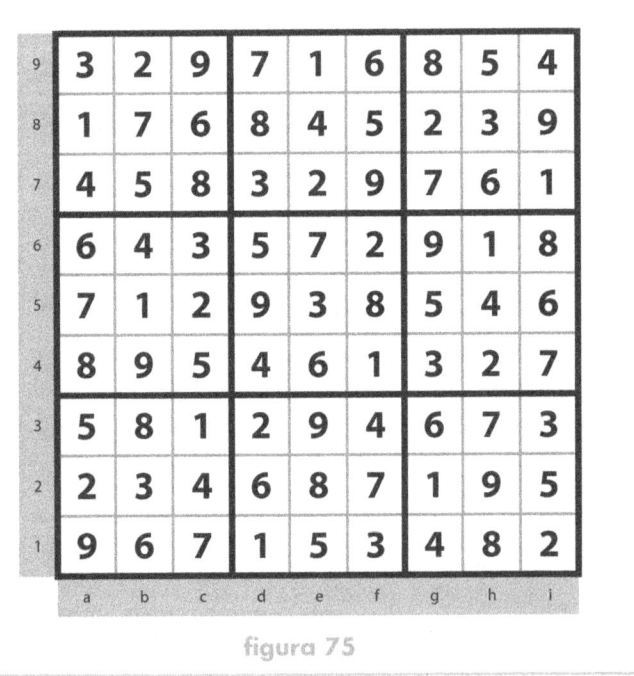
figura 75

Ulteriori tecniche di gioco

Prima di concludere è importante dare una prospettiva completa ai lettori sulle tecniche di risoluzione disponibili per il sudoku classico. In questo libro abbiamo innanzitutto illustrato le tre tecniche di base, che si riducono a due se riuniamo riquadri con righe e colonne sotto il concetto di blocco, e cioè la ricerca dell'unica casella disponibile per un simbolo in un blocco e la ricerca dell'unico simbolo per una casella. Sul fatto di partire da queste tecniche di base tutti concordano.

Poi siamo passati ad analizzare le prime tecniche di riduzione di candidati, che abbiamo denominato di esclusione e di congelamento. Anche in questo caso è unanime l'opinione di prenderle subito in considerazione quando non si riesca a procedere con le tecniche di base. Non c'è invece accordo su come denominarle (l'accordo c'è soltanto sulla famiglia *X-Wing*, *Swordfish* e *Jellyfish*).

Il vero problema nasce quando si incappa nella situazione di stallo apparente, cioè quando non si riesce a procedere con le tecniche appena citate.

Nel testo che avete appena letto abbiamo scelto di concentrare l'attenzione su un numero limitato di tecniche, molto adatte a un giocatore umano che si serva di carta e penna. La denominazione delle tecniche e in parte la descrizione delle stesse sono peculiari di questo libro e difficilmente le troverete altrove formulate in questo modo (se escludiamo le tecniche di unicità). Abbiamo anche detto (e lo confermiamo!) che con queste tecniche potete risolvere la gran parte dei giochi proponibili, per cui non avete strettamente bisogno di aggiungerne altre.

Però, se volete approfondire la ricerca di tecniche di soluzione e se consultate i prodotti software, alcuni libri di testo e i siti specializzati menzionati in appendice 5, troverete descritte e applicate più di venti altre tecniche. Nomi complicati e a volte bizzarri:

- colouring (simple, multi, ultra e Medusa);
- Y-Wing; XYZ-Wing; WXYZ-Wing;
- XY Chains;
- Forcing Chains;
- X-Cycles;
- Alternating Inference Chains;
- Almost Locked Sets;
- Aligned Pair Exclusions;
- Sue-de-coq
- Death Blossom
- ...

La caratteristica di queste tecniche è che da un punto di vista logico sono molto più robuste e formalizzate dell'approccio che vi abbiamo proposto. In tutte le tecniche menzionate qui sopra e in quelle che non abbiamo inserito in elenco la caratteristica costante è che viene individuato uno scenario, più o meno complicato, che ha una sua struttura formale e che conduce a una decisione logica indiscutibile. L'attenzione si sposta sul ricercare lo scenario; la decisione è una conseguenza automatica. Su un elaboratore è molto più facile dare istruzioni di ricercare scenari predefiniti e applicare decisione automatiche. Anche se gli scenari sono tanti, la velocità di ricerca è spaventosa e il tempo necessario impercettibile. Questa modalità di ricerca è giustamente considerata "elegante" per chi scrive software perché consente di trovare una soluzione senza ricorrere alla cosiddetta forza bruta (di cui abbiamo già parlato in precedenza).

I metodi da noi proposti fanno sempre appello al colpo d'occhio, all'intuizione di un percorso più idoneo da cercare per scoprire l'informazione logica che porta alla prossima decisione. Si suggerisce di fare un intenso uso e di allenare caratteristiche proprie della mente umana. Affinando questo approccio, la soddisfazione che ne deriva è molto intensa e appagante.

Se in alternativa cercaste di studiare a memoria tutti gli scenari delle tecniche formalizzate di cui sopra e di applicarli manualmente, probabilmente vi sottoporreste a una tortura mentale che non potreste trovare divertente. L'approccio elegante adatto a un elaboratore non sarebbe divertente se applicato da un essere umano.

Quindi, avendo scelto di dare strumenti potenti di lavoro a giocatori umani di sudoku, ci siamo concentrati nel libro sulle sole tecniche esposte. Ma siccome concordiamo assolutamente sull'eleganza dei metodi formali e ci accorgiamo che ne vengono aggiunti in continuazione dalla comunità internazionale degli appassionati di software dedicato, vi incoraggiamo ad accedere ad alcuni siti (tra cui innanzitutto www.sudocue.net) e prodotti software, che costituiscono le migliori e più aggiornate fonti di informazione sull'argomento e che, salvo involontarie omissioni, abbiamo citato tra le referenze dell'appendice 5.

Appendice 1
Glossario e sintesi delle convenzioni di notazione

Glossario

I simboli che compaiono nello schema di partenza vengono detti *indizi*.
Righe, colonne e riquadri vengono genericamente detti *blocchi* e contengono, ciascuno, 9 caselle.
Gli allineamenti di riquadri (per esempio, Q1, Q2 e Q3, oppure Q1, Q4 e Q7) vengono detti *bande*. Le bande orizzontali vengono anche dette *travi* e le bande verticali *pilastri*. Le bande contengono tre righe o tre colonne.
Ogni casella appartiene simultaneamente a una riga, a una colonna e a un riquadro, cioè a tre blocchi. Le rimanenti caselle della riga, della colonna e del riquadro cui appartiene la casella in esame sono in qualche modo "collegate" a essa, nel senso che non possono condividere lo stesso simbolo, come conseguenza della regola di base del gioco. Si tratta in tutto di 20 caselle, che vengono dette *affini* (*buddies*) della casella in esame.
All'interno di ogni casella durante il gioco è possibile fare annotazioni indicando simboli possibili in vista di scegliere quello corretto. Tali simboli provvisori vengono detti *candidati* e vengono registrati come in casella e3 della figura 76.

Notazioni generali

Le righe dello schema sono indicate dal basso verso l'alto dai numeri da *1* a *9* (*1* a *8* negli scacchi, con il bianco in basso) e le colonne da sinistra a destra dalle lettere da *a* a *i* (*a* a *h* negli scacchi).

Una casella è individuata dall'intersezione di una colonna con una riga e quindi dalla lettera e dal numero corrispondenti.
I riquadri sono numerati da I a IX (in numeri romani) oppure da Q1 a Q9, a partire da sinistra in basso fino a destra in alto.
Useremo le lettere maiuscole R, C, K, Q per indicare, quando serve, righe, colonne, caselle e riquadri.

Esempio (fig. 76):

R5 è la quinta riga dal basso.
Ch è l'ottava colonna da sinistra.
h5 (opp. Kh5) è la casella intersezione della quinta riga e ottava colonna.
Q6 è il riquadro che contiene h5.

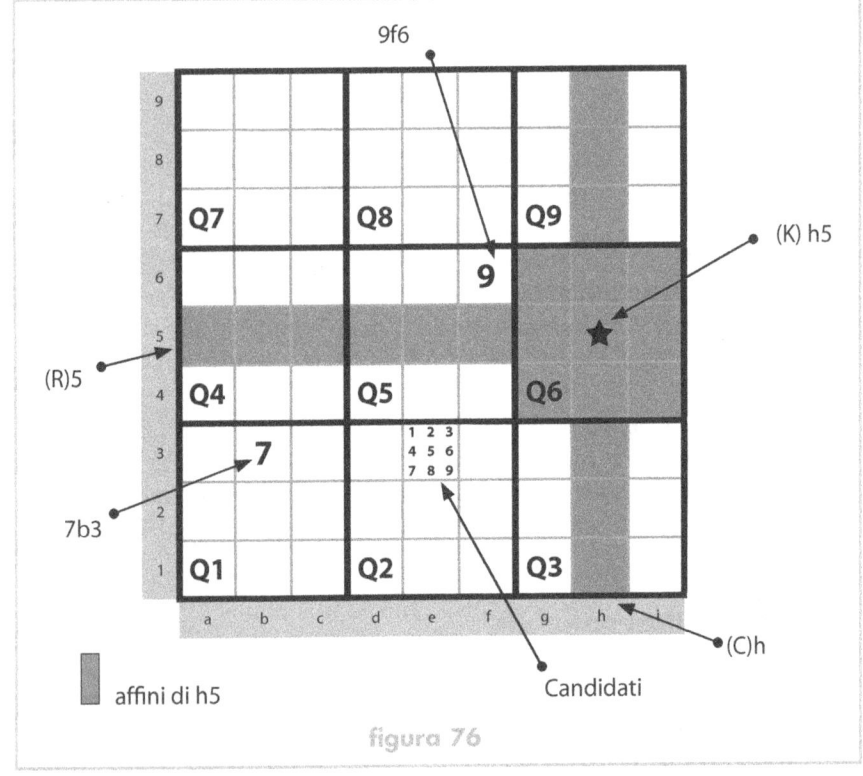

figura 76

Per indicare un *insieme di caselle*, le elenchiamo una dopo l'altra, separate da "," e incluse tra parentesi tonde (notazione estesa). Se però le caselle sono situate sulla stessa riga o colonna, possiamo scrivere la riga (o colonna) una sola volta e racchiudere tra parentesi le colonne (o righe) diverse (notazione compatta).
Esempio:

(h3, g2, i4)
(h3, h5) opp. h(3,5)
(a5, b5) opp. (a,b)5

Notazioni di movimento e di riduzione di candidati

Per indicare l'assegnazione di un simbolo a una casella (cioè l'esecuzione di una mossa) useremo la notazione simbolo-casella come negli esempi che seguono:

7b3 → 7 nella casella Kb3 (primo riquadro, Q1)
9f6 → 9 nella casella Kf6 (quinto riquadro, Q5)

Per indicare la prima tecnica di base, inseriamo opzionalmente (Q) dopo la mossa.
Per indicare la seconda tecnica di base, inseriamo (R) oppure (C) dopo la mossa.
Per indicare la terza tecnica di base, inseriamo (K) dopo la mossa.

Per indicare una tecnica di *esclusione semplice*, racchiudiamo il simbolo che genera l'esclusione fra le parentesi "<" e ">", seguite dalla lista delle caselle in cui compare il simbolo stesso.
Esempio:

<2>(a,b)2
esclude il 2 da R2 in Q2 e Q3.

Per indicare una tecnica della famiglia *X-Wing*, si usa l'acronimo XW seguito dal simbolo in esame, dalla lista fra parentesi tonde

delle righe coinvolte e dalla lista tra parentesi tonde delle colonne coinvolte.
Esempio:

XW 5 (2,8) (d,f)
significa *X-Wing* per il simbolo 5 sulle righe 2, 8 e sulle colonne d, f.

XW 7 (1,3,6) (c,f,i)
significa *Swordfish* per il simbolo 7 sulle righe 1,3,6 e sulle colonne c, f, i.

Per indicare il *congelamento* di 2 (o 3 o 4) candidati su 2 (o 3 o 4) caselle, racchiudiamo i candidati tra i caratteri "<" e ">" seguiti dalla lista di caselle in notazione estesa o compatta.
Esempio:

<5,7> (a,b)5 opp. <5,7> (a5,b5)
significa congelamento sui candidati "5" e "7" nelle caselle a5 e b5.

Per indicare la tecnica di *eliminazione* si usa l'acronimo ELI seguito tra parentesi tonde dal candidato da scartare, dal segno ortografico ":" e quindi dalla lista delle opzioni esaustive esaminate.
Per esempio:

ELI (6f8): 6Q1
significa scartare il candidato 6f8 avendo esaminato gli effetti delle opzioni del 6 in Q1.

ELI (4b2) : (3,5)i3
significa scartare il candidato 4b2 avendo esaminato gli effetti delle due opzioni possibili 3,5 in i3.

Per indicare la tecnica della *prossima mossa sbagliata* NWM si usa la seguente notazione:

– qualora non si rispetti l'unicità di un simbolo su una riga: NWM!R se viene generato un simbolo doppio su una riga, NWM?R se viene generata l'assenza di un simbolo in una riga;

- qualora non si rispetti l'unicità di un simbolo su una colonna:
  NWM!C se viene generato un simbolo doppio su una colonna,
  NWM?C se viene generata l'assenza di un simbolo in una colonna;
- qualora non si rispetti l'unicità di un simbolo in un riquadro:
  NWM!Q se viene generato un simbolo doppio in un riquadro,
  NWM?Q se viene generata l'assenza di un simbolo in un riquadro;
- qualora non si rispetti l'unicità di un simbolo in una casella:
  NWM!K se viene generato un simbolo doppio in una casella,
  NWM?K se viene generata l'assenza di un simbolo in una casella;

L'acronimo che descrive la tecnica è seguito tra parentesi tonde dal candidato da scartare, dal segno ortografico ":" e quindi dall'effetto incompatibile generato
Esempi:

NWM?Q (8f5) : ?2Q7
bisogna scartare il candidato 8f5 perchè provoca l'assenza del simbolo 2 dal riquadro Q7

NWM!C (3e4) : 3e9
bisogna scartare il candidato 3e4 perché fa comparire il simbolo 3 anche in e9

NWM!C (3e4) : 2h(1,8)
bisogna scartare il candidato 3e4 perché fa comparire il simbolo 2 nella colonna h sia in riga 1 che in riga 8

Per indicare la tecnica di *invarianza* si usa l'acronimo INV seguito tra parentesi tonde dal candidato da scegliere, dal segno ortografico ":" e quindi dalla lista delle opzioni esaustive esaminate. Per esempio:

INV (3c1) : (8,9)f2
significa che siamo autorizzati a scegliere la mossa 3c1 perché viene generata da una qualsiasi delle opzioni possibili di candidati (8,9) nella casella f2.

Per indicare la tecnica di unicità si usano due notazioni diverse a seconda che l'applicazione della tecnica ci porti a scartare un candidato oppure a scegliere uno con certezza. Per esempio:

NWMuni (9i1): <3,8> Q(1,3)
dobbiamo scartare il candidato 9i1 perché ci provoca la simmetria impossibile dei candidati 3 e 8 nei riquadri Q1 e Q3.

7g2 (uni BUG)
dobbiamo scegliere 7g2 per evitare la trappola del *Bivalue Universal Grave*.

Notazione per trasferimento di schema

Se volete trasferire uno schema a un vostro interlocutore, non in forma grafica, ma testuale (per esempio, via email tradizionale), la notazione universale è una stringa di 81 caratteri numerici, ottenuta spazzolando lo schema riga per riga, dall'alto in basso, e mettendo uno zero in ogni casella libera.

Appendice 2
Considerazioni sulla numerosità e complessità degli schemi possibili

In questa appendice vorremmo dare risposta ad alcune domande che prima o poi tutti si pongono sugli schemi di sudoku, anche se non sono strettamente connesse al tema principale di risolverli.

Quanti sono gli schemi di gioco possibili?

Se si intende gli schemi completi possibili per un sudoku classico 9x9, la risposta è

6.670.903.752.021.072.936.960 (a)

Il numero è stato calcolato una prima volta da Bertram Felgenhauer nel 2005 e successivamente confermato da Frazer Jarvis (http://www.afjarvis.staff.shef.ac.uk/sudoku/) con un miglioramento della tecnica di enumerazione.

Per curiosità aggiungiamo che il numero di configurazioni in un quadrato latino 9x9 (ove non esiste il vincolo del riquadro) è un numero ancora più impressionante

5.524.751.496.156.892.842.531.225.600 (b)

ma molto più facile da calcolarsi, non essendoci il vincolo del riquadro.

Non è noto a oggi il numero esatto di schemi possibili in un sudoku 16x16 (perché nessuno ha avuto la pazienza di calcolarlo).

Ovviamente qui si parla di schemi completi fra loro differenti. Da ogni schema completo si possono ricavare moltissime configurazioni di partenza per uno specifico gioco, fissando indici da un minimo di 17 caselle (vedi domanda 3) a un massimo di 32 caselle (se si accetta la proposta della rivista Nikoli), purchè si generi una soluzione unica.

Quindi, il numero degli schemi di gioco possibili è sempre molto, molto più alto degli schemi finali (nessuno si è preso la briga di calcolarlo).

Ma una volta scelta una configurazione di indizi di partenza per uno specifico schema, possiamo notare che quel gioco non cambia se operiamo certe trasformazioni, per esempio se scambiamo gli 1 con i 2. In sostanza, dal punto di vista della tecnica di risoluzione, per noi sarà sostanzialmente lo stesso gioco. Le trasformazioni che non cambiano la tipologia risolutiva sono:

- le permutazioni dei simboli (9!);
- le permutazioni delle righe in una banda orizzontale (6^3);
- le permutazioni delle colonne in una banda verticale (6^3);
- le permutazioni delle bande verticali (6);
- le permutazioni delle bande orizzontali (6);
- le riflessioni rispetto agli assi orizzontali, verticali e diagonali, e le rotazioni. Per queste ultime, nel loro insieme, il moltiplicatore è soltanto 2, perché si può dimostrare che solo una di queste operazioni è necessaria e le altre sono già incluse nelle trasformazioni precedenti.

Dunque, per ogni gioco preparato, abbiamo

$$9! * 6^8 * 2 \qquad \text{(c)}$$

schemi che sono equivalenti dal punto di vista della modalità di soluzione, ma che si presentano diversamente per via delle trasformazioni (come dire, che qualcuno distratto o che gioca di rado potrebbe giocare tutta la vita la stessa partita senza accorgersene!!).

Per arrivare al numero finale di schemi completi "essenzialmente differenti" non basta dividere (a) per (c) perché alcune trasformazioni generano duplicazioni e vanno scartate. Il calcolo è estremamente più complesso (se vi interessa lo troverete in http://www.afjarvis.staff.shef.ac.uk/sudoku/) e porta al risultato di

$$5.472.730.538 \qquad \text{(d)}$$

schemi completi essenzialmente differenti (meno di prima, ma abbastanza da non annoiarci).

Qual è il minimo numero di indizi necessari per avere una soluzione unica?

La risposta è 17, ma non è una risposta definitiva, nel senso che non è stata trovata una dimostrazione che questo numero sia esatto. Per il momento non è stato trovato nessuno schema iniziale che dia una soluzione unica con meno di 17 indizi. Però di tali schemi ne sono stati trovati quasi 40.000 essenzialmente differenti. Di questi, la maggior parte non presentano simmetrie. Qualcuno ha una simmetria rispetto alla diagonale. Per una simmetria rotazionale bisogna salire ad almeno 18 indizi.

Un professore australiano, Gordon Royle, li registra sistematicamente in un sito WEB via via che vengono individuati e scarta anche quelli non essenzialmente differenti (http://people.csse.uwa.edu.au/gordon/sudokumin.php).

Come si prepara un nuovo schema?

Uno schema si può ottenere in due modi: manualmente o con un computer.

Quasi tutti i programmi software preparano schemi nuovi e risolvono schemi che vengono loro sottoposti. Il primo è stato quello della *Pappocom* (vedi appendice 4 e 5), l'azienda fondata da Wayne Gould per diffondere il sudoku fuori dal Giappone. Di solito i produttori di software non raccontano come hanno scritto i loro programmi e quindi bisogna accettare semplicemente l'idea che il prodotto sia in grado di generare un nuovo schema o sia in grado di aiutarci nella costruzione di un nostro schema manuale, nel senso che mentre lo prepariamo possiamo verificare che sia lecito e abbia soluzione unica sottoponendolo all'esame del prodotto software.

Se volete scrivere un prodotto software dovrete presumibilmente sbrigarvela da soli, ma potete partire da qualche codice aperto, che trovate su Internet o che ottenete da un qualche programmatore partecipando a forum dedicati. In appendice 5 trovate qualche riferimento in merito.

Agli occhi di un principiante non solo sembra difficile risolvere uno schema, ma sembra ancora più difficile prepararne uno nuovo manualmente. In realtà ci vuole una certa pazienza ed esperienza per preparare uno schema bello, ai vari livelli di difficoltà, cioè che risulti stimolante per chi lo risolve, ma non è affatto difficile prepararne uno se non si hanno pretese particolari.

Si deve partire da uno schema risolto e se non volete usare uno delle centinaia di migliaia di schemi già pubblicati, costruitelo da zero, operazione che si può compiere in molti modi diversi.

Per esempio, in uno schema vuoto cominciate a riempire la prima riga come capita usando ovviamente nove simboli senza ripeterli. Poi nella seconda riga, fate attenzione a non ripetere nel primo riquadro uno dei tre simboli già sistemati in precedenza, nel secondo riquadro dovete fare un po' di attenzione supplementare guardando alla riga sulla sinistra del primo riquadro e ai tre simboli già presenti nel secondo riquadro stesso (e aspettatevi eventualmente di dover fare qualche aggiustamento finchè non ci fate l'occhio) e nel terzo piazzate i tre simboli rimanenti. La terza riga si ottiene in automatico come simboli disponibili in ogni riquadro.

Nella seconda fila di riquadri si procede con più cautela perché si devono osservare le colonne dei riquadri sovrastanti, ma intanto le opzioni disponibili diminuiscono e non è difficile procedere. Dovete tener presente che non si tratta di scoprire una soluzione nascosta, ma di far comparire uno dei numerosissimi schemi disponibili. Via via che si procede, si riducono soltanto le opzioni disponibili, ma una soluzione esiste sempre, perché lo schema lo state costruendo voi.

Una volta ottenuto lo schema finale viene la parte più interessante e più creativa, cioè trovare un modo di svuotarlo opportunamente. Scegliete una configurazione simmetrica che vi aggrada, se vi piace la simmetria, provate a selezionare come indizi i simboli dello schema finale appena preparato corrispondenti alla configurazione e verificate col programma software che la soluzione sia unica.

Se invece volete diventare costruttori di schemi, partite da una configurazione vuota e cominciate a riempirla di indizi coerentemente a tecniche di soluzione che volete imporre. Ci vuole esperienza per costruire manualmente schemi belli e comunque un programma software per verificare facilmente l'unicità della soluzione.

Se usate *Sudocue* troverete opzioni utili per trasformare una soluzione di partenza in una delle tante soluzioni equivalenti in cui però non si riconosce più l'origine (opzione *scramble*; vi ricordate il numero (c) della prima domanda?) oppure per ottimizzarla togliendo indizi superflui (opzione *optimize*).

Il sudoku è un problema NP-completo?

Un sudoku in fase di preparazione, cioè quando non si è ancora verificato se ha soluzione unica, è un problema NP-completo. Per gli addetti ai lavori, significa che la complessità di maneggiarlo e risolverlo cresce esponenzialmente al crescere della scala (9x9, 116x16, 25x25, 36x36...).

Per un sudoku già pronto a soluzione unica non esiste, a nostra conoscenza, una dimostrazione a favore o contro la NP-completezza.

Questo fatto lascia aperta la speranza che esista un metodo di soluzione chiuso, che eviti approcci di ricerca esponenziali, come quello della forza bruta, ed è qui che si accaniscono a lavorare gli appassionati di tecniche da elaboratore elettronico.

Appendice 3
Varianti del sudoku

A partire dallo schema classico, che abbiamo trattato in questo libro, sono state sviluppate moltissime varianti e continuano ad arrivare nuove proposte.

In questa appendice non intendiamo affrontare l'argomento in modo esaustivo, ma semplicemente citare, per completezza d'informazione, alcune varianti che ci sembrano particolarmente divertenti e che quindi ci sentiamo di suggerire ai giocatori che abbiano raggiunto un certo livello d'esperienza e che vogliano ampliare le occasioni di cimentare la propria intelligenza.

Alcune varianti modificano la dimensione dello schema base. Altre si appoggiano sulla griglia classica 9x9, ma modificano la forma dei riquadri o introducono informazioni aggiuntive sui simboli, che consentono normalmente di fornire meno indizi di partenza, fino al caso limite del sudoku killer (vedere oltre), che non presenta nessun indizio di partenza.

Nel paragrafo sulle referenze vengono indicati vari siti in cui trovare informazioni dettagliate su specifiche varianti e anche prodotti software che consentono di generare e giocare le varianti stesse.

Se un lettore diventasse un giocatore incallito e volesse partecipare a campionati, allora sarebbe indispensabile diventare un esperto delle varianti, perché nei tornei non ci si misura su sudoku classici molto complessi, ma si preferisce sbizzarrirsi sulle varianti.

Il sudoku 16x16

Questa variante è comparsa molto presto sulle riviste e si presenta come una naturale estensione del sudoku classico. Lo schema comprende 16 righe e 16 colonne, i riquadri contengono 4x4 caselle e i

simboli sono i numeri da 1 a 16 (oppure le lettere da A a P o la notazione esadecimale, cioè le cifre da 0 a 9 più le lettere da A a F).
Le regole del gioco sono assolutamente le stesse. Il suggerimento, soprattutto se si utilizzano schemi generati dal computer, è di non cimentarsi su livelli di difficoltà troppo elevata. Molte delle tecniche avanzate descritte in questo libro diventano di difficile applicazione su schemi di quella ampiezza, nel senso che l'attenzione e lo sforzo mnemonico necessari per applicarle superano le soglie del puro divertimento e richiedono un impegno e una determinazioni particolari (un po' come affrontare un puzzle da 10.000 pezzi).

Se invece si affrontano livelli medi di difficoltà, la variante è divertente e allena l'attenzione perché con 16 caselle per riquadro è più facile trascurarne una e scegliere una collocazione errata per un simbolo, salvo accorgersene molto più tardi ed essere costretti a cancellare tutto e ricominciare da capo (da cui la maggior attenzione nell'osservare bene le caselle libere dei riquadri dopo essere incorsi un paio di volte in un errore).

Un livello di difficoltà medio permette di arrivare alla soluzione applicando soltanto tecniche di esclusione e congelamento per la riduzione di candidati. Nel sistemare i candidati suggeriamo di mantenere l'abitudine di posizionarli in modo ordinato e costante all'interno delle caselle, per esempio collocandoli su tre ordini (da 1 a 5 nelle fila alta; da 6 a 0, dove 0 sta per 10, in quella media; da 1 a 6 in quella inferiore, invece di scrivere da 11 a 16, per risparmiare spazio). È chiaro che lo schema di gioco deve offrire caselle molto ampie.

Per i buoni giocatori è divertente affrontare un livello medio (come quello dell'ultima pagina della rivista *settimana Sudoku*) senza ricorrere ai candidati.

Sappiamo che una rivista giapponese pubblica anche un 25x25, ma non lo abbiamo mai visto.

Un esempio di 16x16 è presentato in figura 77.

Il sudoku Jigsaw (o a incastro)

Questa variante si appoggia su uno schema 9x9, ma presenta 9 riquadri con forme varie che si incastrano fra loro. Righe e colonne

figura 77 (16×16 sudoku)

figura 78 (9×9 sudoku with irregular regions)

	6	4	5		3			
	3						6	
9			8	3			1	6
	1	6					2	8
				6				
6	7					2	9	
5	9			8	7			1
	4						3	
		3			9	8	5	

possono intersecare più o meno di tre riquadri. Vale sempre la regola che un simbolo compare una volta sola per riga, per colonna e per riquadro, ma adesso è la diversa forma dei riquadri che influenza in modo originale rispetto alle nostre abitudini la collocazione del simbolo successivo. Un esempio lo trovate in figura 78.

Il sudoku Killer

A prima vista questa variante lascia molto perplessi perché si parte senza nessuna casella contenente un simbolo. Sembrerebbe che possano esistere molte soluzioni per ogni schema, ma la soluzione è sempre unica. La struttura dello schema è tradizionale, ma le caselle sono raggruppate a pacchetti di due, tre, quattro o più, anche attraverso più riquadri, e per ogni pacchetto è indicata la somma dei valori dei simboli da allocare.

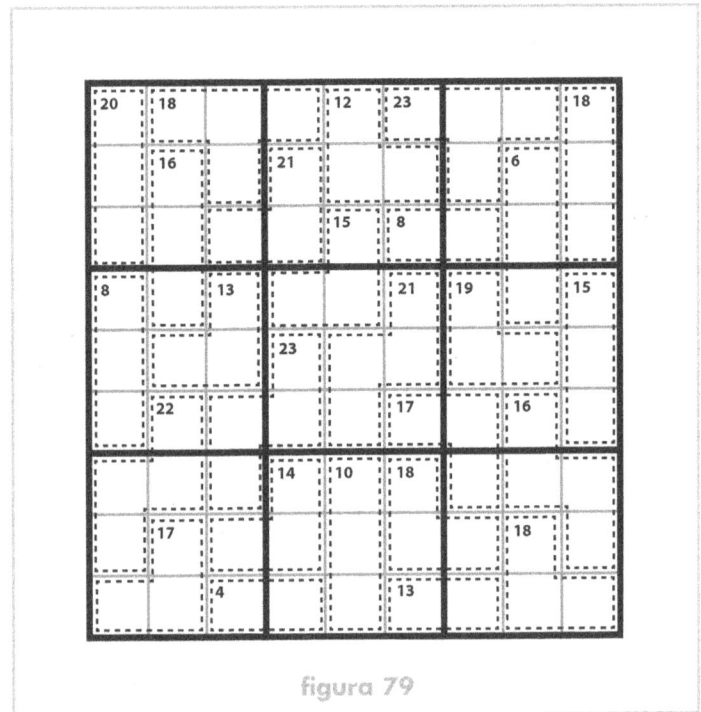

figura 79

In questa variante la rottura del modello tradizionale è legata al fatto che non basta più la logica, ma bisogna aggiungere un po' di aritmetica (per esempio, se un pacchetto di tre caselle presenta 24 come somma, conterrà evidentemente i numeri 7, 8 e 9).

Se l'aritmetica non vi spaventa, la variante è molto divertente. Un esempio è presentato in figura 79.

Il sudoku X

In questa variante i simboli compaiono una sola volta non solo per riga, colonna e riquadro, come nel sudoku classico, ma anche sulle due diagonali principali. Un esempio è dato dalla figura 80.

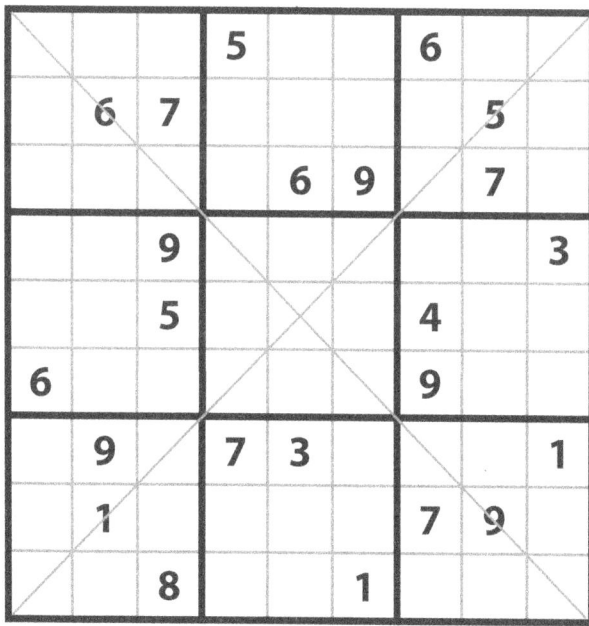

figura 80

Poiché i simboli non sono ripetibili sulle diagonali, possiamo subito collocare 9d5 nel riquadro centrale perché 9h2 esclude la possibilità 9e5, che sarebbe ammissibile nel sudoku classico.

Il sudoku Skyscrapter

Si tratta di una variante molto divertente (fig. 81).

Per affrontarlo bisogna immaginare che ogni simbolo nello schema rappresenti un edificio da qui il nome *skycrapter*, cioè "grattacielo", detto anche *City*) posizionato in quella casella e alto tanti piani quanto il valore del simbolo (9 sono 9 piani e quindi il più alto edificio possibile, e così a scendere).

Intorno alla griglia sono collocati dei valori che indicano quanti edifici un osservatore esterno potrebbe vedere guardando la gri-

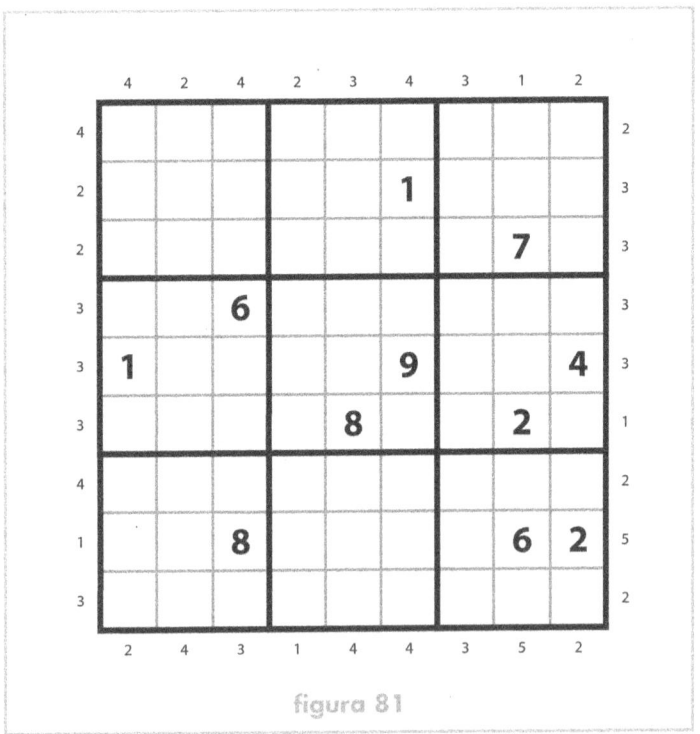

figura 81

glia da quella posizione. Per esempio, il 4 sotto la colonna "f" dice che un osservatore, guardando la colonna "f" dal basso, vedrebbe 4 edifici, il che significa che ci sono quattro valori in sequenza crescente a partire dal valore in f1, che non conosciamo, fino al valore massimo 9, che in questo caso è già posizionato, ma non sappiamo quali siano e non sono necessariamente contigui. La stessa colonna, guardata dall'alto, presenta ancora 4 edifici all'osservatore esterno, beninteso usando altri valori, perché sono sempre valide le regole base del gioco.

Il Samurai

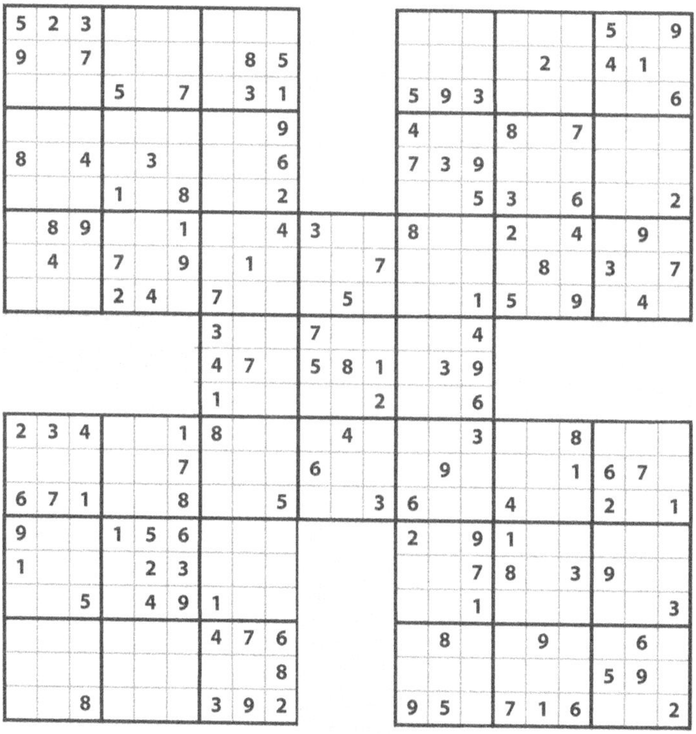

figura 82

Sudoku Clueless (senza indizi)

Si parte da un insieme di 9 schemi classici, disposti in una matrice tre per tre (fig. 83). Il riquadro centrale di ogni schema (quello ombreggiato) non contiene indizi. I nove riquadri ombreggiati costituiscono un decimo schema, che non ha indizi (clueless!).

È chiaro che i valori di ogni riquadro del decimo schema sono determinati dallo schema primario di appartenenza (e quindi, alla fine, il decimo schema avrà soluzione unica, come sempre), ma è anche vero che i valori dei riquadri del decimo schema si influenzano reciprocamente e, in un esercizio preparato bene, bisognerà tenerne conto per arrivare alla fine.

Se volete trovare esempi giocabili, cercate in appendice 5.

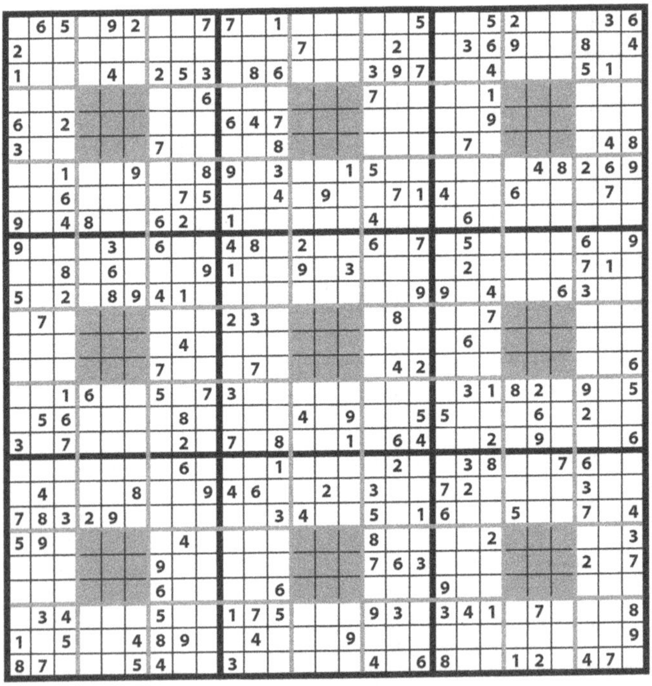

figura 83

Considerazioni finali sulle varianti

Quasi tutti i giocatori di sudoku si cimentano sulle varianti. Spesso per cercare uno stimolo intellettuale quando si è raggiunto un livello di abilità che consente di risolvere facilmente gli schemi che non presentano stallo apparente e si considera noioso affrontare lo stallo apparente con la forza bruta.

L' applicazione delle tecniche di questo libro potrebbe riportare l'attenzione e lo stimolo intellettuale sullo schema classico.

Ciononostante, le varianti sono spesso divertenti, anche se ogni giocatore ne predilige alcune e ne evita altre. Chi non ama l'aritmetica, per esempio, tralascia il sudoku Killer, che a noi invece piace moltissimo.

Purtroppo, per preparare schemi di varianti fatti bene, sono necessari uno sforzo supplementare e strumenti informatici non sempre disponibili. Quindi, molte riviste presentano schemi di varianti di bassa qualità. Per divertirsi con le varianti è necessario cercare buone fonti con più attenzione. In appendice 5 diamo alcune indicazioni.

Appendice 4
Breve storia del sudoku

Qualche autore fa risalire il gioco del sudoku al matematico svizzero Eulero e ai suoi quadrati latini. Ma queste entità matematiche, pur assomigliando alla griglia del sudoku e includendo la caratteristica dell'unicità dei simboli su righe e colonne, non contenevano il concetto di riquadro e interessavano Eulero per le loro proprietà e non come base di un gioco di larga diffusione.

Il sudoku, come lo conosciamo oggi, fu pubblicato per la prima volta negli Stati Uniti nel maggio 1979 sulla rivista *Dell Pencil Puzzles & Word Games*. Era stato ideato da Howard Garns, che lo aveva battezzato *Number Place*. Divenne però popolare in Giappone a opera della casa editrice *Nikoli*, che gli cambiò nome in *suuji wa dokushin ni kagiru* (traducibile in "i numeri sono soltanto singoli") o in forma abbreviata *sudoku*, cioè "numero singolo".

La rivista registrò il gioco per il Giappone e introdusse due condizioni di base, e cioè che la griglia di partenza non contenesse più di 30 simboli e che la disposizione degli stessi fosse simmetrica.

Nel 1997 un giudice neozelandese in pensione, Wayne Gould, notò il gioco durante una vacanza in Giappone e decise di lanciarlo nel resto del mondo. Creò allo scopo la società *Pappocom* e spese alcuni anni a preparare un prodotto software capace di costruire e risolvere griglie di gioco di vari livelli di difficoltà. Nel settembre 2004 lanciò il gioco sul mercato convincendo un quotidiano del New Hampshire ad aprire una rubrica di sudoku. Ma la vera esplosione del gioco si verificò a inizio 2005 quando il Times di Londra accettò di ripetere l'esperimento. Da quel momento decine di quotidiani in tutto il mondo seguirono l'esempio e cominciarono a moltiplicarsi libri, riviste, prodotti software e siti Internet. In appendice 5 ne indichiamo molti, avendoli selezionati per argomenti con una certa attenzione.

Appendice 5
Collegamenti al mondo del sudoku

(libri, riviste, siti, gare, guide, prodotti SW, ricerche,...)

Informazioni generali

Wikipedia
http://en.wikipedia.org/wiki/Sudoku
Contiene informazioni ad ampio spettro sul gioco del sudoku, la storia, i problemi matematici connessi; informazioni più limitate sulle tecniche di risoluzione; molti collegamenti a siti suddivisi per tipologia di argomento trattato. Va consultato frequentemente perché continua a essere aggiornato.

Sudopedia
http://www.sudopedia.org/wiki/Main_Page
A nostro avviso è la migliore raccolta di informazioni sulle tecniche di risoluzione e contiene una scelta accurata di altri siti da visitare suddivisi per tipologia di argomento. Il sito è realizzato da Ruud van der Werf, di cui abbiamo abbondantemente parlato a proposito di Sudocue. Purtroppo, negli ultimi mesi non ha ricevuto aggiornamenti.

Directories

Siti che tengono aggiornati collegamenti ad altri siti, per informazioni ad ampio spettro, oppure dedicati a un tema specifico.

Open Directory Project
- http://www.dmoz.org/Games/Puzzles/Brain_Teasers/Sudoku/

50 migliori siti di Sudoku
- http://sudoku.toplisted.net/syndicate/feed.php?syndtype=top&syndid=1648

Dedicato esclusivamente al sudoku
- http://www.sudokulinks.com/sudoku.html

Essential Guide and links to Sudoku
- http://www.el.com/links/sudoku.asp

Glossari
Non ci sono siti dedicati, ma pagine all'interno di siti più generici. Per esempio:
- http://www.sudopedia.org/wiki/Terminology

Forum
- http://www.sudoku.com/boards/
- http://www.sudocue.net/forum/
- http://www.sudoku.org.uk/SudokuForum.asp
- http://www.sudoku.frihost.net/forum/viewforum.php?f=12&topicdays=0&start=0
- http://www.nonzero.it/forum/

Varianti del sudoku

Killer
- http://www.sudoku.org.es/
- http://en.wikipedia.org/wiki/Killer_sudoku

Sudoku X
- http://www.sudoku-x.com/

Samurai
- http://sudoku.binaryworlds.com/

Jigsaw
- http://www.jigsawdoku.com/
- http://www.sudoku.org.es/

Clueless
- http://www.sudocue.net/clueless.php

Per acquistare libri, riviste ed esercizi sul sudoku

Amazon
- http://www.amazon.com/s/104-2157606-9887939?ie=UTF8&keywords=sudoku&search-type=ss&index=books

Lulu
Contiene molti e-books e libri on-demand a prezzi interessanti.
- http://www.lulu.com/

Produzione di esercizi su misura
- http://www.websudoku.com/ebook.php?l3

Newsletter
- http://www.howtosolveallsudokupuzzles.com/

Competizioni

Federazione
- http://www.sudoku-league.com/

Campionati del mondo 2007 - Praga
- http://www.sudoku07.com/

Campionati del mondo 2006 – Lucca
- http://news.bbc.co.uk/2/shared/bsp/hi/pdfs/10_03_06_sudoku.pdf

Ricerche e studi dedicati

Gli articoli fondamentali sul numero degli schemi possibili (Felgenhauer-Jarvis) e sul numero degli schemi essenzialmente differenti (Jarvis-Russell) sono reperibili dal sito:
- http://www.afjarvis.staff.shef.ac.uk/sudoku/

Wikipedia
- http://en.wikipedia.org/wiki/Mathematics_of_Sudoku
- http://en.wikipedia.org/wiki/Latin_square

- http://www.cardiff.ac.uk/carbs/quant/rhyd/META_CAN_SOLVE_SUDOKU.pdf

Per giocare online
- http://www.free-sudokus.com/
- http://www.sudoku-hq.com/
- http://www.stolaf.edu/people/hansonr/sudoku/
- http://www.sudokusolver.co.uk/
- http://www.sudoku-solver.net/
- http://solveanysudoku.com

Prodotti software scaricabili dal WEB
(gratuiti o a pagamento)

Sudocue, Sumocue, Hanicue, etc. (ottimi e gratuiti)
- http://www.sudocue.net/

Sadman (molto buono, a pagamento)
- http://www.sadmansoftware.com/

Simple Sudoku (free)
- http://www.angusj.com/sudoku/index.php

Sudoku Susser
- http://www.madoverlord.com/projects/sudoku.t

Easton
- http://www.easton.me.uk/tcl/sudoku/

Wayne Gould (storicamente, il primo apparso sul mercato)
- http://www.waynegouldpuzzles.com/sudoku/download/

Joe's Sudoku Challenge
- http://games.ncbuy.com/downloads/title_11757.html

Helper, non solver
- http://www.pewterweb.com/

Explainer
- http://diuf.unifr.ch/people/juillera/Sudoku/Sudoku.html

Sudokusol (sito italiano)
- http://www.sudokusol.it/

Tutorials

Sudopedia
- http://www.sudopedia.org/wiki/Solving_Technique

Ruud van der Werf (ottima)
- http://www.sudocue.net/guide.php

Andrew Stuart
- http://scanraid.com/AdvanStrategies.htm

Astraware
- http://www.palmsudoku.com/pages/techniques-overview.php

Sadman
- http://www.sadmansoftware.com/sudoku/techniques.htm

Andries Brouwer
- http://homepages.cwi.nl/~aeb/games/sudoku/

Angus Johnson
- http://www.angusj.com/sudoku/hints.php

Gaby Vanhegan
- http://www.playr.co.uk/sudoku/solving.aur.php

Paul Stephens
- http://www.paulspages.co.uk/sudoku/howtosolve/index.htm

Michael Mepham
- http://www.sudoku.org.uk/PDF/Solving_Sudoku.pdf

Libri

Esistono molte raccolte di esercizi, ma non ci sembra interessante citarle. Ormai si trovano ottime riviste settimanali e mensili, di più facile accesso e più economiche. E la maggior parte dei prodotti SW scaricabili dal WEB sono in grado di produrre e stampare una infinità di esercizi di ogni livello di difficoltà.
Ci concentreremo su libri che espongono teoria di gioco.

Fino a metà 2007 avremmo suggerito:

> *Mensa Guide to Solving Sudoku*
> by Peter Gordon (Puzzles by Frank Longo)
> Sterling Publishing co.

Poi è uscito, ed è il nostro preferito:

> *The logic of sudoku*
> by Andrew C. Stuart
> MM (Michael Mepham) Publishing

- http://www.sudoku.org.uk/Logicofsudoku.asp

Se vi intendete di logica matematica e volete conoscere uno studio serio sull'argomento:

> *The hidden logic of Sudoku*
> by Denis Berthier
> Lulu Press

- http://www-lor.int-evry.fr/~berthier/index_anglais.htm

Riviste (siti)

- http://www.nikoli.co.jp/en/
(la capostipite giapponese; propone moltissimi altri giochi logici)
- http://www.nonzero.it/forum/
- http://www.enigmistica.it/giochi/sudoku.html

Riviste (in edicola)

Settimana Sudoku
Una delle prime in Italia e tuttora tra le nostre preferite, con una grafica ben studiata.

Mondo Sudoku
Mensile, con esercizi eleganti, sviluppati a mano da esperti giapponesi della Nikoli, ma che non richiedono mai tecniche avanzate.

Il campione Sudoku
Mensile, con moltissimi esercizi per tecniche avanzate; grafica da migliorare, a nostro avviso.

Quotidiani (siti)

Times Online
- http://entertainment.timesonline.co.uk/tol/arts_and_entertainment/games_and_puzzles/sudoku/

Guardian
- http://www.guardian.co.uk/sudoku

Daily Mail
- http://www.dailymail.co.uk/pages/dmstandard/article.html?in_article_id=349054&in_page_id=1766

Repubblica
- http://sudoku.repubblica.it/index.php

Raccolte di esercizi

- http://diuf.unifr.ch/people/juillera/Sudoku/Interesting Sudokus.html
- http://www.sudocue.net/download.php

Raccolta sistematica di sudoku con 17 indizi
- http://people.csse.uwa.edu.au/gordon/sudokumin.php

Sudoku difficili

Arto Inkala (AI Escargot)
- http://www.keskiespoo.net/~arinkala/aisudoku/index_en.html
- http://www.lulu.com/content/658756
- http://benambra.org/benambra/?q=node/308
- http://www.ultimatesudoku.com/
- http://homepages.cwi.nl/~aeb/games/sudoku/solving19.html
- http://www.mg.co.za/articlepage.aspx?area=/breaking_news/other_news/&articleid=289092

Varie
- http://www.news.cornell.edu/stories/Feb06/Elser.sudoku.lg.html
- http://en.wikipedia.org/wiki/Algorithmics_of_sudoku#Exceptionally_difficult_Sudokus

i blu

Passione per Trilli
Alcune idee dalla matematica
R. Lucchetti

Tigri e Teoremi
Scrivere teatro e scienza
M.R. Menzio

Vite matematiche
Protagonisti del '900 da Hilbert a Wiles
C. Bartocci, R. Betti, A. Guerraggio, R. Lucchetti (a cura di)

Tutti i numeri sono uguali a cinque
S. Sandrelli, D. Gouthier, R. Ghattas (a cura di)

Il cielo sopra Roma
I luoghi dell'astronomia
R. Buonanno

Buchi neri nel mio bagno di schiuma
ovvero **L'enigma di Einstein**
C.V. Vishveshwara

Il senso e la narrazione
G. O. Longo

Il bizzarro mondo dei quanti
S. Arroyo

Il solito Albert e la piccola Dolly
La scienza dei bambini e dei ragazzi
D. Gouthier, F. Manzoli

Storie di cose semplici
V. Marchis

noveper**nove**
Segreti e strategie di gioco
D. Munari

Di prossima pubblicazione

Il ronzio delle api
J. Tautz

Perché Nobel?
M. Abate (a cura di)

Alla ricerca della via più breve
P. Gritzmann, R. Brandenberg

Finito di stampare nel mese di giugno 2008

ISBN 978-88-470-0812-0
€ 14,00

GPSR Compliance

The European Union's (EU) General Product Safety Regulation (GPSR) is a set of rules that requires consumer products to be safe and our obligations to ensure this.

If you have any concerns about our products, you can contact us on

ProductSafety@springernature.com

In case Publisher is established outside the EU, the EU authorized representative is:

Springer Nature Customer Service Center GmbH
Europaplatz 3
69115 Heidelberg, Germany

www.ingramcontent.com/pod-product-compliance
Lightning Source LLC
LaVergne TN
LVHW040741250326
834688LV00031B/384